"十四五"时期国家重点出版物出版专项规划项目

主编：傅诚德　｜　副主编：高瑞祺　章卫兵

走进石油（第二版）

Touch the Petroleum

开采地下石油的谋略
—— 石油开发

胡文瑞　鲍敬伟
闫建文　葛稚新　等编著

石油工业出版社

图书在版编目（CIP）数据

开采地下石油的谋略：石油开发 / 胡文瑞等编著 . — 北京：石油工业出版社，2023.12
（走进石油：第二版）
ISBN 978-7-5183-6471-8

Ⅰ.①开… Ⅱ.①胡… Ⅲ.①石油开采 Ⅳ.① TE35

中国国家版本馆 CIP 数据核字（2023）第 228674 号

出版发行：石油工业出版社
（北京安定门外安华里 2 区 1 号　100011）
网　　址：www.petropub.com
编辑部：（010）64523541　图书营销中心：（010）64523633
经　销：全国新华书店
印　刷：北京中石油彩色印刷有限责任公司

2023 年 12 月第 1 版　2023 年 12 月第 1 次印刷
710×1000 毫米　开本：1/16　印张：12
字数：150 千字

定价：60.00 元
（如出现印装质量问题，我社图书营销中心负责调换）
版权所有，翻印必究

《走进石油》(第二版)

丛书编委会

主　任：匡立春

副主任：傅诚德　江同文　雷　平

委　员：李　宁　苏义脑　胡文瑞　黄维和　徐春明　邹才能
　　　　高瑞祺　王大锐　吴　奇　胡　杰　何盛宝　马宝金
　　　　闫伦江　王　震　曾　萍　李俊军　张　镇　王雪松
　　　　章卫兵

丛书编写组

主　编：傅诚德

副主编：高瑞祺　章卫兵

成　员：（按姓氏笔画排序）

　　　　马新福　王长会　方　可　丛者峰　吕焕通　刘明明
　　　　闫建文　李　中　李　欣　张贺恩　陈朋超　武宏亮
　　　　周英操　庞奇伟　孟祥海　胡才仲　娄舒洁　崔玉波
　　　　葛稚新　谢水祥　潘玉全

序（第二版）

石油和天然气作为世界主要能源和优质化工原料，是当今社会经济发展中最重要的生产力要素之一。目前，世界能源消费结构份额中，石油占比最大，石油与天然气占比合计超过一半。一个国家对石油和天然气的拥有量和占有量已成为其综合国力的重要标志。半个世纪前，美国前国务卿基辛格博士曾说，谁控制了石油，谁就控制了所有国家。石油的供需状况不仅在相当大的程度上直接影响一个国家的经济稳定和战略安全，而且往往成为影响一个地区乃至全球政治经济秩序的重要因素。

当前，以可再生能源+能源互联网为核心的第三次工业革命正在快速推进，大力发展可再生能源已成为全球能源革命和应对全球气候变化的普遍共识。在国家"碳达峰、碳中和"目标背景下，石油工业面临能源结构调整的巨大压力，也迎来了推进绿色低碳转型和能源科技创新的时代机遇。据多家权威机构预测，石油和天然气仍然是人类近50~100年的主导能源，世界各国继续把发展石油和天然气，保持和增加对其拥有量和占有量作为重大战略问题。科学技术越发成为保障国家能源安全，提升石油行业竞争力的重要手段。

科技创新、科学普及是实现创新发展的两翼。许多伟大的科学家和创新者都是通过科学普及这扇大门进入神秘的科学世界。为了让国内外更多读者了解石油、走进石油，2006年由中国石油学会科普教育委员会和石油工业出版社共同组织出版了《走进石油》科普丛书。丛书由傅诚德教授主编，侯祥麟、田在艺两位院士作序，出版后受到我国石油科技界和社会大众的广泛支持和欢迎。

近年来，世界石油科技突飞猛进，新能源产业也在蓬勃发展，新理论、新方法、新工艺层出不穷，大数据、云计算、人工智能等新技术与石油工业的融合日趋紧密，因此亟待向业内和社会大众推广和普及。《走进石油》（第二版）在第一版10个分册的基础上扩充到15个分册，条目由600多条增加到1200多条，涵盖了石油石化行业完整的知识链，内容新颖，图文并茂，是一套兼具科学性、通俗性和趣味性的科普丛书。读者看到的不仅仅是一个又一个知识闪光点，还将回眸石油科技创新和发展的非凡历程，感受科技工作者创新创造的科学家精神，触摸石油工业无比璀璨的未来。

在此，谨对《走进石油》（第二版）的出版表示热烈祝贺。我相信，随着这套丛书的出版发行，一定会有更多的读者以此为阶梯，迈向石油科学技术的高峰。

张玉卓

时任中国科协党组书记、分管日常工作副主席、书记处第一书记
现任国务院国有资产监督管理委员会党委书记、主任
中国工程院院士

编者的话

石油,顾名思义,就是石头里产出来的油。和煤、铁、铜、金等矿藏一样,石油也是一种产于地壳中的宝贵矿藏,但它以一种流体形态赋存于地下。世界上第一个提出"石油"这一科学命名的人是中国北宋科学家、曾任陕西延安府太守的沈括(1031—1095)。在他所著的《梦溪笔谈》中记载:"鄜、延(即鄜、延二州,今陕西延安一带)境内有石油,旧说'高奴县出脂水',即此也。"他还曾预言"此物后必大行于世,自余始为之"。而在国外,直至1556年才由德国人乔治·拜耳提出石油(Petroleum)一词,Petro指岩石,Oleum指油脂,二者合在一起即石油。中国沈括命名石油比西方国家早了约500年。

无论是作为燃料,还是以它为原料制成的各种产品,石油已经渗透到人类社会的各个领域。汽车、飞机和轮船使用的汽油、航空煤油、柴油等动力燃料由石油炼制而来,人们日常生活中离不开的塑料、橡胶制品和绚丽多彩的服装鞋帽等,都与石油息息相关。因此,石油有了"工业的血液""黑色的金子"等美誉。石油如此珍贵,不仅在改变着人们的生活,也让世界上有些国家为争夺石油资源而上演一场场惊心动魄的地缘争斗。据统计,20世纪后半叶发生的地区冲突大多与石油有关。

石油工业的发展和石油科学技术的进步,不仅对国家能源安全、国民经济建设和国防现代化具有重要意义,而且与全面建设小康社会以及人们的衣、食、住、行紧密相关。为了让广大读者一探石油工业的究竟，更深入地理解石油与我们生活的关系，促进石油科技知识的传播，中国石油学会科普教育委员会和石油工业出版社于2006年共同组织出版了石油科普系列丛书《走进石油》（第一版），丛书由傅诚德教授主编，石油行业内100多位知名专家参与编写，包括《石油地质》《石油地球物理勘探》《石油地球物理测井》《石油钻井》《石油开发》《石油开采》《石油储存与运输》《石油炼制与化工》《石油经济》《石油环境保护》10个分册。中国科学院与中国工程院两院院士、中国石油学会名誉理事长、原石油工业部副部长侯祥麟先生和中国科学院院士、中国石油学会第一届科普教育委员会主任田在艺先生多次指导并为丛书作序。《走进石油》（第一版）自2006年出版以来，受到社会各界读者的广泛好评，2009年作为主要书目入选由中宣部、中央文明办、新闻出版总署主办的"全民阅读"优秀项目——中国石油"千万图书送基层，百万员工品书香"活动。丛书重印5次，累计发行7.6万余套，合计76万余册，多年来一直是中国石油远程培训的重要教材之一。

《走进石油》（第一版）出版至今已有将近20年时间。近20年来，石油科技迅速发展，计算机、互联网、物联网技术在石油工业得到全面应用，石油勘探、石油开发、炼油化工等专业技术与大数据、人工智能、数字孪生等数字技术深度融合，碳纤维等高分子材料、复合材料更深入地向多领域延伸，氢能、太阳能、核能等新能源技术和"双碳三新"目标的提出正在加速推动石油工业的转型，石油科技正在全面突飞猛进，石油行业的新理论、新技术和新方法层出不穷，因此《走进石油》（第一版）已经难以满足当前石油科技知识普及的需求。为此，2020年傅诚德教授和高瑞祺教授提议对《走进石油》（第一版）进行修订，得到了中国石油科技管理部和石油工业出版社的大力支持和积极响应。

侯祥麟院士在《走进石油》（第一版）序中强调"科学的发展和技术的创新，只有被公众掌握，才能变成巨大的生产力，才能加快科技成果向现实生产力的转化"。为了更好达此目标，使《走进石油》（第二版）内容质量和展现形式更上一层楼，丛书编委会从一开始顶层设计就集思广益，聚贤汇智，由苏义脑、胡文瑞、黄维和、邹才能、徐春明、李宁六位院士和行业权威专家分别担任15个分册的主编，150多位技术专家参与编写，20余家石油石化企业、科研院所、行业学会（协会）鼎力支持。

《走进石油》（第二版）是一套理念先进、体系完整、知识丰富的科普巨制；以1200多个知识点，构成了系统完整的石油石化知识链，并依托丰富的表现形式，为读者拓宽了"走进石油"的路径。一是对知识体系进行合理扩展：将第一版的《石油炼制与化工》分册扩展为《石油炼制》和《石油化工》两个分册，增加《天然气》《海洋石油》《新能源》《智慧石油》4个分册，全景再现了石油工业全产业链的知识景观；二是对技术亮点进行有序重构：准确把脉石油行业主体学科专业新理论、新技术、新工艺、新成果以及发展趋势，突出读者关注度较高、应用效果显著的知识点，让每一分册都能够形成主次分明、重点突出的亮点结构；三是对新兴科技进行科学展望，呈现其广阔的发展前景。

为了使《走进石油》（第二版）在第一版的基础上增强文章的科普性、趣味性，丛书编委会对编写组织和图书表现手法等进行了独特的探索。在第二版中，由技术专家与科普作家深度参与协同创作，实现了内容科学性、通俗性、趣味性的统一；首次使用富媒体技术，实现了视觉空间展现与平面阅读方式的融合；首次面向全社会征集"油博士"卡通形象，让"油博士"引领读者走进石油，实现了各分册知识板块的有机结合；首次采用系列自创插图，使读者通过插图扫除文字理解障碍，引领阅读进入"读图时代"。

《走进石油》（第二版）的出版，不仅是向社会推出的一套传播石油知识的图书，更是一项提高全民科学素质的文化工程，其意义将随着时间的推移愈显重要。特别指出的是，为了这项文化工程的如期完工，编写队伍付出了巨大的努力。在三年多的创作时间里，适逢百年不遇的新冠肺炎疫情肆虐，编写组成员克服各种困难完成了撰写任务。

在本套丛书的编写出版中，中国石油科技管理部领导给予了重要指导和支持，中国科协、中国石油学会、中国化工学会、中国石油科协、中国石油大学（北京）、中国石油大学（华东）、长江大学、西南石油大学、东北石油大学、西安石油大学、中国石油勘探开发研究院、中国石油深圳新能源研究院、中国石油石油化工研究院、中国石油工程技术研究院、中国石油安全环保技术研究院、中国石油东方地球物理勘探有限责任公司、中国石油海洋工程有限公司、中国石油数字和信息化管理部、中国海油能源经济研究院、国家管网集团科学技术研究总院、昆仑数智科技有限责任公司等企业单位、科研院所、学会（协会）和高等院校提供了大力支持，在此表示由衷感谢！石油工业出版社对本套丛书的编写出版非常重视，专门配备了最强编辑力量配合作者和丛书编写组完成稿件编写和审核，向石油工业出版社提供的支持表示感谢！最后，向在本套丛书策划、编写、审稿和出版过程中提供创意、建议和意见的专家表示感谢，也向每一位不计得失、笔耕不辍的作者表示诚挚的谢意！

社会希望了解石油，石油工业的发展需要社会的支持。希望我们精心组织编写的石油科普系列丛书——《走进石油》（第二版）能为广大读者了解石油工业提供帮助，更能为我国石油工业的发展贡献一份力量！

分册前言

油气田被发现以后，需要进行油气藏评价、储量计算、编制油气田开发方案，然后进行产能建设、投入生产、油藏动态监测以及适时开发调整等。油气田开发的任务是采取各种技术措施尽可能采出油藏中的油气。随着油气田开发技术的发展，新理论、新技术、新方法不断涌现，多学科相互配合的特性更为明显。本书按油气田开发这门学科进行了系统性知识介绍，对当前油气田开发中的一些新技术、新方法作了科普性的阐释。这些油气田开发方面的科学知识，为对石油感兴趣的社会大众打开了一扇了解石油、走进石油的窗口。

在本书编写过程中，中国工程院院士胡文瑞起草了初步编写框架、确定了编写思路，鲍敬伟、王方等编写完成了本书的初稿，共9篇，82个条目。在完善、提升、修改过程中，石油工业出版社章卫兵编审、中国石油勘探开发研究院闫建文教授等对编写提纲进行了调整，调整后为9篇，55个条目。中国石油勘探开发研究院葛稚新、鲍敬伟、闫建文、徐立坤、何欣、赖令彬等共同完成书稿的编写，张杰完成了部分图件的绘制。其中，第一篇、第五篇和第六篇由葛稚新、鲍敬伟编写，第二篇、第三篇由葛稚新编写，第四篇由葛稚新、鲍敬伟、徐立坤编写，第七篇由葛稚新编写，第八篇由鲍敬伟、徐立坤、何欣、赖令彬等编写，第九篇由葛稚新、闫建文编写。书稿完成后，章卫兵编审、王大锐教授、窦宏恩教授对本书进行了认真细致的审读，提出了很多建设性的修改意见。丛书主编傅诚德教授多次对本书的提纲、正文进行审读，并提出了重要的修改建议。最后，胡文瑞院士对全书进行了统稿、修改。

在本书的编写过程中，要特别感谢中国石油勘探开发研究院、大庆油田、长庆油田等提供了许多油田开发的资料、图片和建议，摄图网提供了部分图片。感谢中国石油科技管理部的精心组织和参编人员的辛勤劳动。以总结油气田开发方面的理论、经验和新技术，从而普及有关油气田开发方面的科学知识。

由于编者水平有限，对科普图书编写理论掌握不够透彻，因此，本书在内容和表现手法方面可能还存在一些不足，希望广大读者批评指正！

目录 Contents

一 走进油田开发 / 001

在神秘的地下世界,蕴藏着丰富的石油资源。自从人们发现了石油的各种妙用,如何把地下石油开发出来就成了人们孜孜以求的目标。

1.1 什么是油田? / 002

1.2 石油开发地质学的前世今生 / 005

1.3 石油开发地质学给油藏画像 / 008

1.4 油藏家族知多少 / 011

1.5 油田开发与石油开采协同 / 015

1.6 油田开发奏响多学科"交响曲" / 017

二 地下油藏显真容 / 021

地下油藏是什么样子呢?是光怪陆离的溶洞里装满了石油?还是像海绵一样由许多小孔洞分别盛满石油?人们要怎样了解地下油藏的真实面目呢?油博士会为你一一道来。

2.1 形形色色的石油地下"盘丝洞" / 022

2.2 "地下多层高楼"储石油 / 024

2.3 镜下观岩石薄片 / 029

2.4 储层流体"三兄弟" / 033

2.5 达西的神奇实验 / 037
2.6 孔渗饱知多少 / 040
2.7 储层"住户"有亲疏 / 045
2.8 岩石也会"过敏" / 048

三 石油"过磅入库"知家底 / 053

地质勘探发现油藏后，地下油藏中到底蕴藏了多少油，油田开发工程仍要根据油藏家底来规划石油生产的投资规模与开发周期。

3.1 什么是油藏地质储量？ / 054
3.2 掐指算出油储量 / 056
3.3 钻头一到 储量可靠 / 059
3.4 挖到筐里才是菜 / 060
3.5 地下"余粮"剩多少 / 062

四 油田开发"排兵布阵总设计" / 065

古代打仗讲究"排兵布阵"，同样，油田开发也离不开"排兵布阵"——油田开发方案设计，需要充分的预先谋划和及时的合理调度，这正是油田开发的精髓所在。

4.1 油田开发全程通关图 / 066
4.2 开发方案资料包 / 068
4.3 油田开发规划部署 / 071
4.4 油田开发方案设计 / 074
4.5 油田开发多阶段 / 077

4.6　开发方式有讲究　/ 079

4.7　石油人也是"撒网"高手　/ 082

4.8　井无压力不出油　/ 087

五　密切关注油田各项"生理指标"　/ 091

到医院看病，医生会根据病人情况开各种检查单，从而根据生理指标来分析病情。如果把油田比作一个人，你知道油田的生理指标是什么吗？如何才能获取这些生理指标呢？

5.1　给油田诊脉——油田动态分析　/ 092

5.2　动态测取油田"生理指标"　/ 093

5.3　测井为生产层体检　/ 096

5.4　试井搞清井下压力状况　/ 097

5.5　油藏动态拟合　/ 102

六　"对症下药"搞好开发调整　/ 107

对症下药是重要的医病原则，这个原则也适用于油田开发调整。随着石油资源的不断开采，油藏的状态必然会发生一系列变化。如果不能针对这些变化及时间调整开发策略，必然会影响石油开发的最终效果，因此油田开发调整十分重要。

6.1　石油产量递减有规律　/ 108

6.2　开发方式要调整　/ 110

6.3　接替稳产延寿命　/ 112

6.4　注水开发三矛盾　/ 114

6.5 稳油控水出奇效 / 117

6.6 "六分四清"解难题 / 119

6.7 井网调整再挖潜 / 121

七 "吃干榨净"多采油 / 127

衣服洗好后，如何弄干呢？拧挤会使衣物中的水脱除一部分；如果离心甩干，可以再脱除一部分水；如果用热风吹一下，还能更快干燥。油藏中的油就如同衣物中的水一样，而且从地下采出油的难度要远远超过脱除衣物中的水，所以人们想出了许多办法，使地下油藏中的油尽可能多地被开采出来，这就是各种各样的提高采收率技术。

7.1 影响采收率因素多 / 128

7.2 接二连三采油忙 / 129

7.3 把地下石油"洗出来" / 135

7.4 用气把地下石油"攥出来" / 138

7.5 加热让地下稠油"融出来" / 142

7.6 微生物吃油"化出来" / 145

八 二次开发：老油田再焕青春 / 149

俗话说，坐吃山空。一个油田，在没有资源补充的情况下一直开采，终究会有无法持续的时刻。那么，行将废弃的老油田是否就一定一无所有了呢？也不尽然，某些情况下，对老油田进行二次开发能够使其再次焕发青春，重启能源开发的新征程。

8.1 什么是老油田二次开发？ /150

8.2 老油田二次开发的意义是什么？ /151

8.3 二次开发的理论如何表述？ /152

8.4 二次开发的价值观是什么？ /153

8.5 走出一条可行之路 /154

8.6 二次开发的升级版——"二三结合" /155

九 畅想开发新征程 / 159

多年来，中国原油对外依存度超过70%。20世纪在中国境内发现的油田有许多已步入了开发后期，石油产量呈现递减趋势。靠什么来弥补石油供应的缺口呢？石油人一向不畏困难，他们把目光投向了难开发的非常规油藏、已衰竭的老油田、更深的地层、深海和新能源。

9.1 体积开发新技术 /160

9.2 地质工程一体化 /163

9.3 智慧油田 /165

9.4 油气开发新未来 /168

参考文献 / *171*

一　走进油田开发

在神秘的地下世界，蕴藏着丰富的石油资源。自从人们发现了石油的各种妙用，如何把地下石油开发出来就成了人们孜孜以求的目标。

1.1 什么是油田？

在接触石油工业生产之前，您对油田的印象是怎么样的呢？对于这个问题，不同的人可能会有不同的回答。不同地区的油田，会有不同的样子，有的非常壮观，一望无际的田野里竖立着整整齐齐的抽油机群，仿佛等待检阅的雄狮（图1.1）；有的非常隐蔽，农田里间或出现方圆几米的小块区域，每小块区域里一两台抽油机不知疲倦地点着头，好像是警惕守望的哨兵。可见，千姿百态的样貌并不足以让我们了解油田的概念，那么，到底什么是油田呢？

有人从工业生产的角度阐释油田的概念，把油田定义为可以开采的大面积的油层分布地带。更清晰的说法是：油田是建立在某种地质构造控制下的一定面积范围内油藏组合之上的人工管控的石油开发区域。在油田管控范围内，人们根据井网设计的要求确定钻井位置并钻出相应的油井，将这些井统一管控形成井网，油井中的石油经自喷或人工举升方式通过井口产出。

图1.1 吉林油田丛式井

一 走进油田开发

在许多关于油田的说法中，都提到了地质构造。油田的地质构造是由各种岩石层叠而成，包括砂岩、泥岩、碳酸盐岩、页岩等，这些岩层形成了石油可能的储存空间，如果其中储存了石油，就将它们称为储层。由于石油具有一定的流动性和挥发性，只有密闭的空间才能保持石油长久的储存，这类密闭的空间在地质学中被称为圈闭。虽然岩石非常坚硬，但在宏大的地壳运动中，由岩石构成的地壳显得非常脆弱，在四十多亿年的沧桑历程中，地壳被巨大的力量挤压与拉伸，形成了数不清的褶皱与断裂，从而形成了不同形貌的岩层，由这些岩层构成的圈闭也呈现不同的结构特征。

圈闭有很多种类型，以成因来分，最简单的圈闭是构造圈闭。构造圈闭的结构像一只倒扣的碗，如果石油出现在碗口下方，由于石油的密度通常小于岩石和水，这些石油就不可避免地向碗底汇涌，最终在碗底的阻挡下停留下来，形成构造圈闭的石油储藏。构造圈闭的构成必须满足几个基本条件：一是碗底致密完整，不透不漏；二是碗底处于高点，呈倒扣姿态；三是碗口有隔层，防止碗中石油在压力作用下向下逸散；四是有生油层作为石油来源。

> **小贴士**
> 尖灭，是指地壳中某一层在其上下两层之间沿某方向越来越薄直至消失的地质现象。

> **小贴士**
> 水动力圈闭，是指在地层水动力的作用下，石油被顶在穹顶侧面斜坡位置而形成的石油储藏。

另一种圈闭是地层圈闭，这是一种储层在非渗透地层中尖灭形成的储集空间。与地层圈闭类似，断层也可以构成圈闭，只要储层断开的切口刚好被错位移来的其他非渗透层封闭，就可以保证石油不会从储层中泄漏出去，从而维持原有的石油蕴藏。在勘探实践中，人们发现许多圈闭的构造形式呈现复杂组合，例如在构造圈闭的结构中掺有断层圈闭的特征，又如在地层水动力作用下形成非典型构造圈闭，使石油储集的位置出现在构造圈闭的侧面等。

随着海上石油开发技术的发展，油田的概念得到了进一步的扩充，人们将海洋深处的石油储藏称为海上油田。这样，油田的概念又可分为两种类型：陆上油田和海上油田。陆上油田是指位于陆地上的油田，这些油田通常在地面上有石油钻探设备、生产设备和输油管道。海上油田则是指位于海洋下面的油田，这些油田通常需要建造海上人工岛、生产平台等设施进行开采（图1.2）。

图1.2 海上人工岛大平台

地壳内石油资源分布非常广泛，无论是在大陆或海洋都有油田，但其蕴藏量很不平衡。在全世界数万个油田中，最终可采储量在20亿吨以上的大油田仅有10多个，而其储量占世界石油总储量的一半以上。

自1859年第一口近代工业油井在美国成功出油到现在，世界油田开发已经经历了160多年的发展历程。最初的石油开发可以用粗暴乱采来形容，其方式是盯住油苗，在其周边密集打井。如今，石油开发已发展为依靠高新技术的现代化系统工程，随之而来的庞大的石油化工产业带动经济发展，增加就业机会，推动化学工业、交通运输、机械制造、农业生产等产业的快速发展，改变了人类社会的发展进程，成为人类社会能源供应、经济发展以及地缘政治的强劲支柱，石油也因此具备了商品、金融、地缘政治三重属性。可以说，油田的开发极大地促进了现代社会的进步与发展。

1.2 石油开发地质学的前世今生

"远看像逃难，近看像要饭，仔细一看，原来是搞勘探"，这几句顺口溜形象地描绘出了早期野外地质勘探工作的艰辛画面（图1.3）。在大众眼里，很难分清不同的地质调查队伍的异同，事实上，在地质学的早期发展阶段，不同地质调查队伍的工作目标和研究方法也的确没有太大区别。早期油田的开采主要依靠天然能量，并不需要进行专门的地质学研究。因此，在石油工业发展的早期，石油开发地质学这门学科并未从地质学中严格分化出来。

图1.3　早期野外地质勘探

> **小贴士**
>
> 在相机和计算机尚未普及的年代，老一辈地质工作者通常用手中的铅笔，将地质考查中的有用信息记录下来（图1.4）。1945年1月，大学四年级的李德生同班12人去四川华蓥山进行了野外地质实习。华蓥山海拔1432米，山下为石炭—二叠系煤系地层。

图1.4　华蓥山（创作：李德生，1945）

随着科学技术进步，地质学也逐渐细分为不同的门类，不同门类之间有了明确分工。20世纪30年代之后，注水开发（当时西方称二次采油）逐渐发展起来，并在20世纪50年代成为主导的石油开发方式。这种新型的开发方式需要对储层有更深刻的了解，特别是要明确储层的连续性和分隔性，以及储层的非均质性问题，这就需要研究每种储层的岩石物理属性，由此催生出石油开发地质学。石油开发地质学最初也有人称为油矿地质。1979年，美国学者Parke A.Dickey在其专著中将其称为石油开发地质学。石油开发地质学的研究对象是油田（藏），研究内容是控制和影响石油开发过程的油藏地质特征，可概括为三大领域：构造（圈闭）、地层（储层）和流体（油、气、水），主要任务是详细摹绘石油储藏的结构细节、物理性质、流体特征、油气储量等，为石油开采提供指导（图1.5）。

油（气）藏开发地质特征可分为9个方面：（1）储层构造形态、倾角，断层分布及其密封性，裂缝发育程度；（2）储层的岩性、岩石结构、矿物组成、连续性、非均质性；（3）隔（夹）层的岩性、厚度及空间变化；（4）储层内油、气、水的分布及相互关系；（5）油、气、水物理化学性质及其在油层内的变化；（6）油藏的压力、温度场；（7）水体大小，天然驱动方式及能量；（8）石油储量；（9）与钻井、开采、集输工艺有关的其他地质问题。

石油开发地质学肩负着提供油田开发决策依据的重任，最基本的任务就是实现油藏开发监测，通过监测掌握油藏的产油量、产气量、产水量和生产效率，统计人工注入操作的动态和总量，监测整个油藏的压力变化以及分区、分层的压力分布，明确储层流体性质及井下人工技术措施的变化等，并将所有采集的油藏动态数据纳入动态数据库。油田开发过程中，多种不同的人工技术介入油藏并促使储层内的基质和流体发生改变。技术组合在变化，油藏的本体也在变化，其体积在不断缩小，地层能量也在变弱，产量呈现衰减趋势。因此，需要根据所掌握油藏的动态来调整人工技术的组合，控制能量的衰减或补充能量。

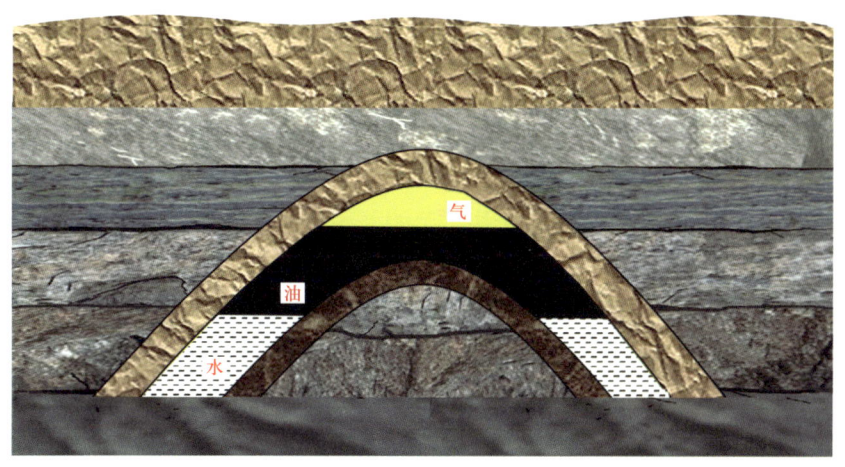

图1.5　油气藏构造和油、气、水分布示意图

开发分析与开发方案调整也是石油开发地质学的重要内容，开发分析就是利用各类监测结果汇总形成的油藏动态数据库，结合油藏静态数据和开发

过程中出现的问题进行分析，对注采系统的适应性、储量动用情况和开发潜力、重大调整措施的效果、特定人工措施的适应性与效果、开发经济效益、油藏的总潜力等多方面内容进行评价，预测下一开发阶段的生产指标，并据此做出开发调整方案。由于油田开发的早期阶段数据较少，对油藏结构的细节无法全面了解，最初的开发方案不可能完全适应实际生产过程。因此，开发方案的调整成为石油生产过程中必不可少的环节，只有及时调整开发方案，才能最大限度实现经济有效开采石油的经营目标。

经过数十年的积累，石油开发地质学已取得很大的发展。20世纪80年代，石油工业高新技术飞速崛起，精细开发要求油藏描述向更小尺度和定量化发展，以便更精确地描述储层的非均质性和地下剩余油的分布。计算机的普及和核磁测井、成像测井、三维地震等新技术的发展为描述更为复杂的地质现象提供了新的方法和工具。石油开发地质学进一步由宏观走向微观、由定性走向定量，并形成了与地球物理、油藏工程、采油工程等多学科协同发展的趋势。

1.3　石油开发地质学给油藏画像

《庄子》中记载过一个寓言故事"庖丁解牛"，讲的是一位厨师，因为对牛的内部结构非常了解而练就了高超的解牛技艺。油田开发好比庖丁解牛，如果不了解油田的内部结构是无法下手的，一定要在实践中积累经验才能在油田开发工作中得心应手。如果你也拥有多个油田的开发经验，并身体力行

> **小贴士**
>
> 庖丁解牛，手之所触，肩之所倚，足之所履，膝之所踦，砉然向然，奏刀騞然，莫不中音：合于《桑林》之舞，乃中《经首》之会。
>
> ……庖丁释刀对曰："臣之所好者，道也；进乎技矣。……三年之后，未尝见全牛也。……彼节者有间，而刀刃者无厚；以无厚入有间，恢恢乎其于游刃必有余地矣！……提刀而立，为之四顾，为之踌躇满志……
>
> （出自《庄子·养生主》）

经历过多种类型的油田开发,那么,你肯定是一个了不起的油田开发方面的"庖丁"。

通过勘探找到了石油后,一系列问题摆在决策者面前:资源品质如何?资源分布在多大范围?资源储集体的特点如何?到底有多少资源?是否具有技术与经济开发的可行性等。为了回答这些问题,油田开发工作者通过一些技术手段对地下储层的内部结构、特性、类型、状态等因素在二维和三维空间中进行细致刻画,这称之为"油藏描述"。在油田开发的准备阶段,油藏描述的主要任务和内容包括:区域地质特征描述、构造形态描述、沉积特征描述、储层参数特征描述、油气水分布规律描述、油藏类型描述、可采储量的评估、主力储层的宏观分布等。各项内容需要利用多种不同的技术采集相关数据,并与其他内容互相印证,综合分析。当把每一个因素描述清楚之后,就可以把信息变成数字、图表,再将这些数字、图表输入计算机,利用计算机对油藏进行"临摹",建立一个油藏地质模型,这称之为"地质建模"(图1.6)。地质模型建立之后,人们的视野就会豁然开朗,无法肉眼观看到的地下油藏二维、三维特征在计算机屏幕上"原形毕露"。这时,作为一个油田开发技术人员,你才可以说:"我对油田开发的部署有'谱'了。"

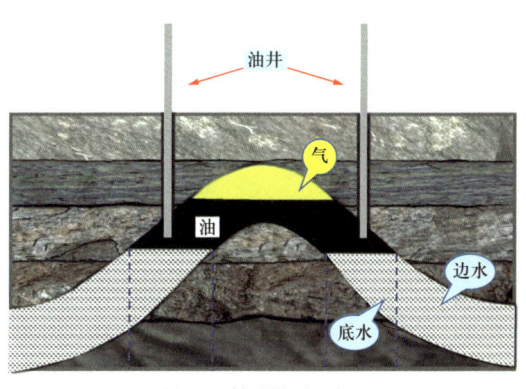

图1.6 地质模型示意图

油田开发的每一项决策都离不开那些从事石油开发地质研究工作者所做出的贡献,因为每一项决策总是依据"事实"要素和"价值"要素而做出的,这些"事实"要素无一不是来自精准的油藏"画像"。由于油藏的复杂性和非均质性,如何下手去细致描述油藏呢?通常油藏描述有三条主线:储层构造和构筑格架,储层空间和物理性质分布,储层内流体分布及其性质。

储层构造与构筑格架可以看作油藏的骨架与外壳，某种意义上也是油藏之所以能够成藏的客观条件。从这个角度分析油藏，可以将油藏分为背斜油藏、断层油藏、裂缝性油藏、岩体穿刺油藏、地层不整合遮挡油藏、地层超覆油藏、岩性尖灭油藏、砂岩透镜体油藏、生物礁油藏、水动力圈闭油藏以及复合油藏等。在现实中，既存在由单一因素控制成藏的油藏，也有大量由多种因素共同控制成藏的油藏。对这些结构不同的油藏进行油藏描述需要根据实际情况具体分析，准确揭示油藏的边界、盖层、夹层等结构特征。

储层的物理性质是指储层的厚度与展布、孔隙度及渗透性质、润湿性与毛细管压力特性等。这类性质与储层岩性密切相关，可以据此将油藏分为孔隙型储层油藏、裂缝型储层油藏、裂缝孔洞型储层油藏和双重介质型储层油藏。孔隙型储层油藏的储集岩体通常为孔隙型砂岩、白云岩或礁灰岩的碎屑岩，一般要重点关注其非均质性、润湿性和相对渗透率等特征。裂缝型及裂缝孔洞型储层的特点是孔隙度低而渗透率高，具有产量高、递减快的开发特征。油藏描述要特别关注其裂缝空间展布细节，对于双重介质型储层油藏，由于基质与裂缝之间的不协调，通常采收率不高，油藏描述要在井网设计方面多下功夫。

储层内流体分布及性质是指油、气、水在储层内的分布和性质，据此可将油藏细分为常规油藏、天然气藏、凝析气藏、挥发性油藏、高凝油藏和稠油油藏。每一类油藏因流体性质不同而导致开发方式有很大区别，需要辩证分析、对症下药。在实践中，6类不同油藏可能以复合形式呈现，如果无法兼顾，就要根据现实需求有所取舍。

油藏深深地隐藏在地下，人们想方设法地去了解在哪些地方最适合打井，能够既少花钱又多采油。这时候，几乎每个决策者都会产生一种强烈的愿望，如果能看清楚地下哪里有油该有多好！经过多年的技术积累，这一愿望已经逐步成为现实，这就是油藏三维地质模型。三维地质模型是如何让人们看到地下油藏的详细情况呢？

人们需要利用地质勘探、地震解释、地球物理检测、不稳定试井等手段获得大量油藏信息。如油藏的构造性质，包括地层厚度、储层厚度、分层信息、天然裂缝、断层、隔层、尖灭、油水气接触关系等；储层的物理性质，如孔隙度、渗透率、流体饱和度、润湿性等；开发动态数据，如射孔数量与位置、相对渗透率、流动单元、压裂数据、不稳定试井数据等；边界限制条件，如产量限制、最小井底流压限制等；生产历史资料，如产量、压力、水油比、气油比等。石油开发地质人员把所取得油藏的各项参数、信息和资料一一输入计算机数据库并进行分析与综合，从而建立地质模型，把油藏的诸多复杂性和非均质性清楚地展现出来，用可视化的方式再现地下油藏风貌，以满足油田开发调整的需要。

随着高新技术的不断发展，三维地震技术的问世、多种测井技术和地质统计学不断发展，加上强大的计算机应用系统的支持，石油开发地质人员越来越能够得心应手地从事他们的工作。利用以地震属性反演为核心的高新技术，结合已有的地质认识，可以推断地下岩层的物性参数和石油分布。由此建立起来的地质模型更符合油藏的实际地质情况，惟妙惟肖。成型的油藏三维地质模型可以为油藏开发数值模拟提供三维地质数据、计算油层孔隙体积或储量、协助布井方案规划、进行断层封堵分析和预测，还可以用来监测油藏动态变化，已成为油气勘探开发不可缺少的重要工具。

油藏中隐藏着无数微观细节，随着石油勘探开发技术不断进步，油藏描述已从最初零散的地质评价成长为伴随石油开发全程的系统性综合技术体系，为油田开发决策贡献了坚实的依据。未来，油藏描述能够描述更广阔的宏观、更精细的微观，理论更加完备，技术体系更加强大，融入四维地震、井间地震、高分辨率层序地层等新技术，定量及预测能力更加准确，甚至发展成为油田开发决策的人工智能体系。油藏描述，昔日可用，当前可赞，未来可期。

1.4 油藏家族知多少

石油是埋在地下的"油海"当中吗？是不是往"油海"中插根管子就能源源不断地"冒油"？石油并不存在于地下岩洞里，而存在于岩层孔隙里，油里面含有气，有时还有水。了解石油事业发展的人们都知道，石油是储存在地下深处具有特殊条件的"岩石缝隙"中的，即"油藏"中的。油藏是地壳中石油聚集的最基本单位，是构成油田的基本成员。要把油藏中的石油开采出来可不是插根管子那么简单。这就需要我们先来了解油藏到底有多少种，每一种有什么特点。

世界上已经发现的油藏大概有数万个，它们的类型是多种多样的（图1.7）。根据储层的形态把油藏分为层状油藏、块状油藏和不规则状油藏3大类。也有根据产量大小进行分类的，把千米井深稳定日产量大于15吨的油藏称为高产油藏，千米井深稳定日产量小于1吨的称为特低产油藏，千米井深稳定日产量1~5吨的称为低产油藏，千米井深稳定日产量介于5~15吨的称为中产油藏。还可以根据储层岩性进行分类，可以把油藏分为砂岩油藏、碳酸盐岩油藏、火成岩（变质岩）油藏。从寻找石油资源的角度来看，通常还是以圈闭的成因分类更为方便，相应地把油藏分为构造油藏、地层油藏、水动力油藏、岩性油藏和复合油藏5大类。

圈闭之所以能够富集石油，是因为在圈闭地层条件下，充分满足了石油富集的基本条件：充足的石油来源、有利的生储盖组合、有效的圈闭结构和良好的保存环境。

圈闭主要有构造圈闭和地层圈闭两种类型（图1.8）。地下的石油来自哪里呢？以有机生油理论来推断，石油应该多产自有机质沉积丰

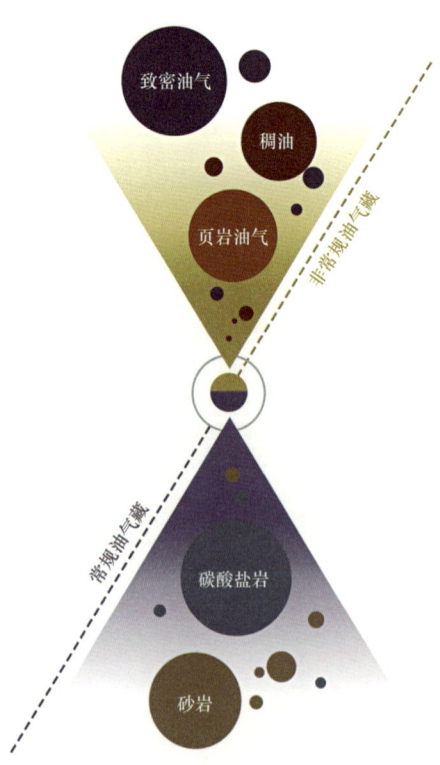

图1.7　油气藏"大家庭"

富的地质构造。这样的构造常常分布在面积广、沉积岩厚的大型盆地中。国内外大型及特大型油田的发现实践基本符合这一推断。总体来看,到盆地中去找油的成功率还是相当令人满意的。

通常油田多分布在地下构造发育的地区,例如断层、隆起等区域。因为这些地区本身就具备许多形状合理的盖层,而在构造运动过程中所形成地层的裂缝、孔隙,又为石油储层的形成提供了条件。有利的生储盖组合是可遇而不可求的绝佳构造,在这种构造中,石油一经生成就能够及时运移到空间发育良好的储层当中。而这种像海绵一样四方皆漏的储层恰好有厚重严密的盖层给予充分的保护。如此优越的条件,正是许多大型油藏的真实写照。大型油藏可遇而不可求,多数油藏的条件有所不及,规模也参差不齐,这是因为地壳的复杂运动并非专为石油储藏而设。大多数地壳运动形成的储层与盖层并不十分完美,仅能满足有效圈闭的基本条件,即完整而严密的背斜或高

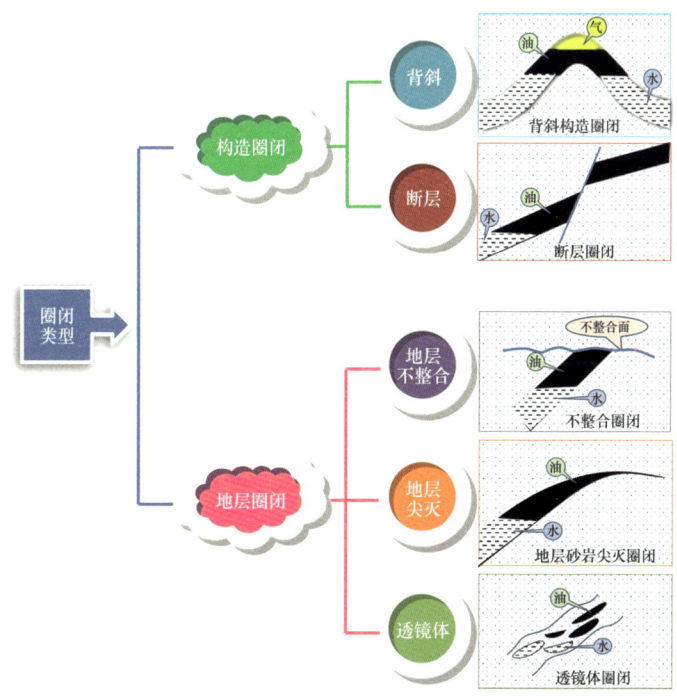

图1.8　圈闭类型示意图

端被严密封闭的斜坡构造使具有良好流动性的石油被牢牢挡住而无法逸散到储层之外。

并非结构合理的圈闭就一定有石油富集，事实上有许多封闭性良好的圈闭中只有水而没有一点石油。这种情况有可能是圈闭之下刚好没有石油来源，也有可能是本来富集在圈闭当中的石油被地质运动破坏而逸散流失。可见，良好的保存环境也是油藏得以存在的必要条件。已经形成的油藏被破坏的原因包括地壳运动造成盖层破裂、岩浆活动或水动力冲刷将石油储藏挤出圈闭等。如果是因为地壳运动造成盖层破裂，只要断层处能够形成新的圈闭条件，原有的石油资源有可能会以较小油藏的形式被分散保留一部分，中国环渤海湾盆地发现的油藏基本属于这种破碎的油藏。

中国的石油资源分布也多见于盆地构造，但与国外大型油田构造区域有所区别。在远古时期，华夏大地也曾经拥有条件良好的海相沉积条件，但由于地质运动造成大陆抬升，海水大范围退出，这一区域的沉积环境变为互相分隔、大小不等的陆相盆地。其中包括两种盆地类型：一类是西北地区的内陆山间盆地或山前盆地，如塔里木盆地、柴达木盆地、准噶尔盆地、吐哈盆地、酒泉盆地等；另一类盆地是中部及东部地区的近海断块盆地，如鄂尔多

斯盆地、四川盆地、江汉盆地、松辽盆地、渤海湾盆地等。两者的主要区别是中部及东部地区的盆地有不同程度的海洋因素的影响。两类盆地均符合石油富集的基本条件,在实践中各盆地也均找到了有工业开采价值的油藏。

1.5 油田开发与石油开采协同

油田发现以后,就要尽快把油"开采"出来。如果没办法把油"拿"出来,石油就无法为社会所用。油田开发就是策划如何把找到的地下石油尽快地、尽可能多地采到地面。

面对一大片油田,要把油井钻在哪儿?钻多深?钻多少口井?采出来的油存放在哪儿?钻好的井不出油了怎么办?怎么才算把油都采出来?这些都是油田开发必须面对的问题。

由此可见,油田开发是一个系统工程,通常都需要业务门类齐全的专业公司才有可能把石油开采这件事做好(图1.9)。而石油公司进行油田开发的

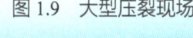

图1.9 大型压裂现场

目标就是以最少的投资、最低的成本把地下的石油储量尽可能快地开采出来。为了公司能够持续发展，还要发展新技术，对法规、环保、安全、市场要学会审时度势。

过去很多人把油田开发和石油开采混为一谈。这两者关系很密切，又总是纠缠在一起，让人难以辨别。石油开采更多的是实施技术操作。比如在规定位置的井场安装选定好的采油设备、铺设集输管线、建立油田机械电力供应线路、建立集输站，按规定工艺条件启动油井生产、维护油井日常生产、解决油井生产各类工程问题、对油井地下地层实施增产措施等，这些执行层面的工作都是石油开采必须要完成的任务。

油田开发则扮演军师的角色，为石油开采决策提供依据。通常一个油田的开发都要延续几十年，在这期间从地下油藏"画像"、选择驱替方式、定井位、布置井网到选择开采方式、动态监测采油速度以及开发方案调整等石油开采过程中所有的方案、决策都属于油田开发的业务范畴。在油田开发之初最先需要做好的就是油田开发设计文件，这份文件包括开发概念设计、开发总体规划、开发方案、调整方案、工业性试验设计、试采方案等内容。为了做好设计文件，必须在石油勘探地质数据的基础上补充油田开发地质相关数据，做好油藏描述，完成油藏评价，如果油藏具有开采价值，则要进一步完成油藏评价部署方案，并在此基础上完成油田开发设计的第一步——开发概念设计。开发概念设计一般包括地质建模、储量评估、产能评价、工程评价、经济评价等内容，提出包括开发方式、开发层系、井网系统、钻井工艺、完井工艺、采油工艺、投资规模、采油成本、投资回收期、采油年限、最终采收率等各环节的初步方案。开发总体规划、开发方案、调整方案则是对概念设计相关内容的细化和可执行化，用于指导石油开采工作。

可见，油田开发是偏重于研究部署、管理和策略，是个"文官"；而石油开采则偏重于采油、采气技术实施和应用，是油田开发的"执行者"，是个"武将"。石油生产的文官武将齐心协力，就可以让广袤的油田源源不断地产出宝贵的石油。

1.6 油田开发奏响多学科"交响曲"

从石油勘探到油田开发,石油人的工作就进入了一个崭新的阶段。油田开发非常复杂,包括大量的任务、内容、经营目标和策略。它之所以复杂就是因为需要考虑的因素太多,地下的、地面的、技术的、经济的、社会的,面面俱到。如果哪方面考虑不周,就可能造成很大的损失;油田遭到破坏,就会造成石油最终采收率大大降低,很多石油留在地下开采不出来。所以说,油田开发是一项系统工程,没有一个人有那么大的能耐,什么都懂,什么都会,还得"一个好汉三个帮",避免主观决策,依靠多学科协同作战,共同演奏好油田开发这支"交响曲"(图 1.10)。

图 1.10 合奏交响乐

油田开发是一个长期的过程,短者也需 10~20 年,长者往往需要 30 年或 50 年或更长的时间,比如中国大庆油田从 1959 年发现后,一直在开发。在油田的整个开发过程中,其产量、压力、含水、气油比、采油速度等主要开发指标都在发生变化。而且,这种变化往往具有阶段性特点,表现出油田开发由初期到中期再到后期的自然发展过程。油田开发阶段的划分方法较多,迄今尚无统一标准。但常见的划分标准主要有两种：一种以产量变化情况为主要依据进行划分，另一种是主要依据采出液含水变化情况进行划分。

一个油田的规范开发一般要经过三个阶段。而这场"交响曲"是否成功，依赖各个"演出成员"的协同配合，共同努力。

第一个阶段是开发前的准备阶段。这个阶段的主要工作是进行详探和开发试验。详探就是依靠地震细测、打详探资料井、取心、测井、试油试采以及分析化验研究等手段，弄清楚油田构造特征和地质情况，探明油、气、水层分布关系和油层的岩石流体物性，寻找油层边界，估算油田地质储量，了解油井生产能力，认识油藏天然能量大小以及储层连通性等。开发试验是在详探程度较高和地面建设条件比较有利的地区，首先划出一块面积，用正规的井网作为生产试验区，"解剖麻雀"，从而认识全油田的生产规律，获得开发经验来指导油田其他未开发区域的生产。

第二个阶段是开发方案制定和实施。油田的开发方案是基于油田开发原则制定的指导油田开发工作的重要技术文件，主要包括：油田概况，油藏描述，油藏工程设计，钻井、采油、地面工程设计，投资，经济评价等内容。油田开发方案制定的原则为：根据当时当地政策、法律和油田的地质条件，制定储量动用、投产次序、合理采油速度等开发技术政策；保持油田较长时间的高产、稳产；利用最少的投入，尽可能多产出石油，获得较好的经济效益。

第三个阶段是开发方案的调整和完善。一个油田，无论采用什么驱动方式、层系、井网以及采油方式来开发，其方案肯定不是一成不变的，需要根据对油田地质深入的认识和开发的特征了解程度以及长时间开发引起的各种地下情况变化及时做出开发方案的调整，从而实现延长稳产期、改善开发效果和提高采收率的目的。

油田开发的发展经历了从无到有的漫长探索。20世纪40年代以前，油田开发没有成套的理论指导，发现了油田就打井，出了油就成了"石油大王"，但石油采收率很低，大量资源残留在地下，造成了资源浪费。1948年，苏联出版了一本《油田开发科学原理》（图1.11）。这本书在发展油田开发理论，改进开发方法和开发方式方面具有极其重要的地位。到 1962 年，苏联 А.П.克雷洛夫等编写了《油田开发设计》一书，该书系统阐述了油田开发的矿场地质、地下油气水动力学、油层和油井开采工艺以及工业经济学等方面的理论和方法。自此，油田开发综合设计方法有了进一步的发展。但在 1970 年以前，与油田开发研究相关的学科都是各自发展，并不是一个配合良好的"交响乐团"，而且更多地强调油藏工程基本就是开发的全部内容。

图 1.11 《油田开发科学原理》中译本

20 世纪 70—80 年代，随着计算机技术飞快的发展，各个学科从基础理论到工业化推广都有了很大的提高和发展，不少学者更深刻地认识到油藏工程和油藏地质之间最佳协作的重要性。克雷格强调了进行详细油藏描述的重要性，提出了利用地质、地球物理、油藏模拟概念和手段来深化对油藏的认识。以美国休斯敦·迈克尔和 T.霍尔布蒂能源公司董事长兼安大略顾问工程师的霍尔布蒂为代表，提出了最佳协作的多学科互相渗透，共同协作的研究方式，即在新油田开发研究以及在油藏开发生命期中所实行的油藏管理，都应最大限度地把物探、钻井、地质、测井、试油试采、采油、井下作业、地面建设、动态监测和其他有关学科协调起来，形成最佳协作的管理体系；采用经济有效的先进技术，制定和实施正确的油藏开发策略，并不断地完善和调整，取得最佳的经济采收率。

20 世纪 80 年代后期至今，多学科的协作又有了深入的发展。油田开发研究已发展为油藏管理，这是一个全新的综合多学科协同完成油田开发研究观念，各相关学科聚拢在油田开发大学科下，逐渐被锤炼成配合协调的、真正的"交响乐团"。

二　地下油藏显真容

地下油藏是什么样子呢？是光怪陆离的溶洞里装满了石油？还是像海绵一样由许多小孔洞分别盛满石油？人们要怎样了解地下油藏的真实面目呢？油博士会为你一一道来。

2.1 形形色色的石油地下"盘丝洞"

人们常用"脚踏实地"来形容做事认真,隐含着脚下的大地坚实可靠的意味。但是我们脚下的大地真的那么坚实吗?现代科学发现,即使看起来密实无缝的岩石内部也有数不清的细小孔隙,地下世界无论在宏观尺度还是在微观尺度上都像名实相符的"盘丝洞"一样,充满了梦幻般的神秘。

众所周知,水是很容易流动的,油同样易于流动,由于油比水密度小,油通常会浮在水的上面。气体流动性更强,由于密度更小,在地层中总有向上逸出地表的趋势。可以想象,既然地下有那么多"盘丝洞"般的空间,油、气一定会像捉迷藏一样在其中流来流去,我们把这种流动称为油气的迁移。许多迁移的油、气和水沿着直通地表的裂缝涌出地面,就成为地表出露的油苗、气苗以及各种泉水。如果所有的油、气、水都以这种方式溢出地表,我们可能永远也不会找到地下的油藏。事实显然并非如此,我们不仅能在地下找到油藏,甚至找到了许多储量巨大的最难在地下储藏的气藏,这说明在地下有一些能够长久储藏油气的所在,这就是油气的储层。

油气藏形成演变
动画视频

石油储层就是储存石油的地层,是油、气、水储集的空间,由一个或多个储集体构成,以一定的构造形态存在于地下。油藏的储层通常以背斜构造形态存在,背斜构造就像个翻过来"倒扣"的大大的"圆底锅",这个大锅最容易把运移的油气捕捉住。由于重力和密度的作用,气在上,油在中间,水在下,没有油只有气就是气藏,没有气只有油就是油藏,有油又有气的就是带气顶的油藏。

完整的背斜构造所形成的油田是一个整装的油田。这样的油田开发比较容易。被破坏了的构造所形成的油田是一个复杂的断块油田,断块越破碎,油田开发的难度就越大。在构造断裂过程中,有的断块凑巧被不渗透的岩层再次封闭,形成较小的油气储藏,这就是断层油藏。同样,有的断块失去了封闭性,其中储藏的油气就会慢慢迁移流失,成为没有油气储藏的普通岩石。因此，同一构造断裂形成的各个较小的断层油藏可能并不相邻，中间会有大片空白的无油气区域，这给勘探地质、开发地质和油田开采等工作带来了更大难度。位于中国华北地区的胜利油田就是这样一块复杂断裂形成的油田。在胜利油田优良传统展览厅内，陈列着一张济阳坳陷勘探形势图，在3万多平方千米的山东探区内，用红色标出75个油田散落在十几条隆起带之间，囊括了世界三分之二以上的油藏类型，被形象地喻为"一个摔碎的盘子，又被踢了一脚"（图2.1）。不同断层油田的散落位置和彼此之间的距离几乎毫无规律，这使胜利油田成为世界上最难开发的油田之一。

图 2.1　摔碎的盘子

无论背斜构造也好，断块构造也好，都是油、气、水居住的"地下宫殿"。它的结构复杂得很，有的只有单个储层，犹如一座平房，多数油藏由多个储层构成，犹如层层叠叠的楼房。有的房间是相通的，相通的房间我们称之为储层连通体。有的房间是不通的，多数是被不具备渗透性的地层隔开或被断层隔开。我们圈定这些复杂连通体的外部边界，描述其几何形体和产状，这就是储层构筑格架描述。对于复杂的断块油田的开发，储层建筑格架描述就显得更加重要。康世恩有一段很精辟的话，"你们要数楼房、数房间，一间间房间数清楚了，开发复杂断块油田才能心中有数"。正是在这种思路的指导下，胜利油田的石油人攻坚克难，在没有先例参考的情况下自主创

> **小贴士**
>
> 康世恩（1915年4月20日—1995年4月21日），河北省怀安县人，曾在清华大学地质系学习，是中共第十一届、十二届中央委员，第十三届中央顾问委员会委员、常委。曾任国务委员，国务院副总理，石油化学工业部部长等职。曾长期担任石油、能源管理部门的负责人，是中华人民共和国石油工业和化学工业的开拓者之一。

新，在陆续发现的 75 个碎片化的油田上精耕细作，截至 2022 年底，胜利油田累计生产石油 12.93 亿吨，约占全国同期陆上石油产量的五分之一，为国家能源供应作出了巨大贡献。

2.2 "地下多层高楼"储石油

伟人曾经把复杂的油藏储层比作"架起来的楼房"，形象而贴切地勾画出了油藏地下储层的结构，令人非常惊奇。大家都知道毛主席是伟大的革命家，在政治、军事、战略、理论、外交等方面都有独创性的理论与实践，同时还是一位千百年来最具眼界和气魄的诗人，可是他对石油储层的了解是打哪儿来的呢？原来，这是 1956 年 2 月 26 日他在听取石油工业部工作汇报时形成的见解。当时新中国首任石油工业部部长李聚奎和部长助理康世恩汇报工作进展和石油工业发展战略，介绍了已开采百年的有数十层储层的巴库油田的开发经验，于是毛主席提出，像架起来的楼房一样的多储层油田比单储层油田好，开发的成本更低，中国也要找这样的油田。又提出，美国人讲中国地层老，没有石油，看起来新疆、甘肃这些地方是有的，搞石油很艰苦，发展石油工业还得革命加拼命。此后不久，克拉玛依油田被发现。又过了几年，具有多层储层的大庆油田也被发现（图 2.2），新中国因此甩掉了贫油国的帽子，再次验证了毛主席远大的战略眼光。

图 2.2　大庆首车原油外运

像架起来的楼房一样的油藏储层到底是什么形象呢？油藏的储层一般是孔隙性砂岩或是具有缝缝洞洞的石灰岩，由于其孔隙或缝洞发育，油、气、水才能够栖身其中（图2.3）。非储层一般是十分致密的岩体，油、气、水很难有栖身之地。储层之间被大段具有一定连续性的非储层隔开，这部分非储层又称为隔层。储层内部还存在各种不连续的非储层，这些小的非储层称为夹层。如果油藏的夹层和隔层很多，储层的连续性就会变差，单独井孔能够波及的储层体积就会很小，这在经济收益上和生产管理上都是非常不利的。

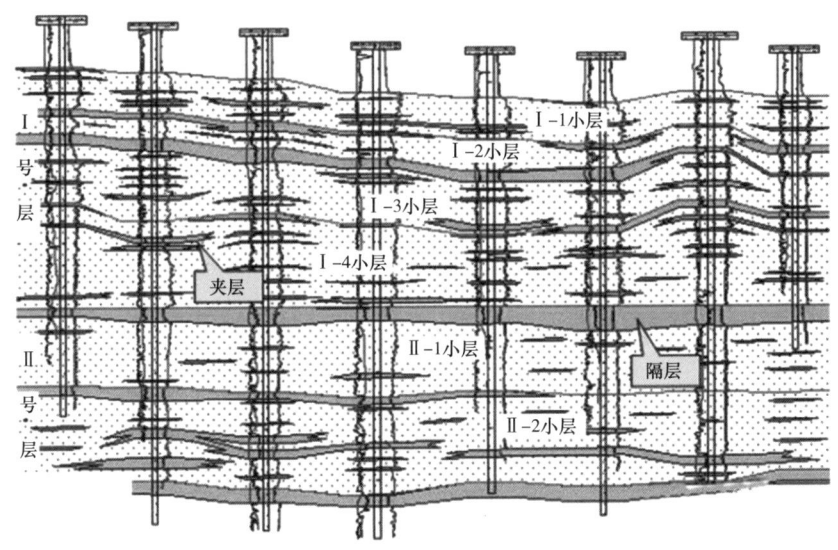

图2.3 储层示意图

最理想的储层既没有隔层也没有夹层，储层渗透性好，这种储层中的石油非常容易开采，但这样的储层是可遇而不可求的。沉积岩体各个级次的连续性和内部物性参数在空间上千变万化，现实中更可能遇到的是被夹层和隔层分割的储层，其连续性和渗透性都因空间结构和组成的差异而不同。如果储层中的夹层特别多，其连续性就会很差。如果单纯依靠钻井来钻开连续性特别差的储层，除非多花钱多打井，否则，很多油层会成为漏网之鱼。因此，这类油田的开发还要在打井之外多想其他办法。

影响石油开采效果的因素不仅是夹层和隔层，储层的渗透性和孔隙性也是影响石油开采的重要因素。如果储层内部孔隙性和渗透性都很好，当储层被生产井穿透，石油很容易汇集到井筒中并被采出地面，当地层压力较大时甚至会形成井喷。随着油气行业的大发展，这种渗透性和孔隙性都非常好的储层越来越难找到，人们不得不面对孔隙性和渗透性不太好的油藏。如果储层内部孔隙性、渗透性特别差，石油流动的阻力就会特别大，如果不采用一些特殊措施就很难把石油从储层中驱赶出来。

储层的连续性和物理性质极大地影响着油藏的开发效果。因此，在开发之前一定要完成储层连续性描述和储层物性分析工作。储层连续性描述的基础工作就是层组划分和对比。沉积岩体在沉积过程中一层一层地沉积下来，从老到新有一定的顺序，每一个层序都记载着储层沉积环境的水进水退、潮起潮落的沉积旋回特征，记载着它是河道、河流入海处的三角洲还是浅海或者是深海的环境，记载着它的沉积历史和经历的地质构造事件，如构造变动、沉积间断、剥蚀等，各个级次的层组所记载的这些地质特征在同一层组内都有相对的近似性，不同层组间都有其差异性和相对的隔绝性（图2.4）。地质学家总结了这些认识并形成了一门学科，称之为层序地层学。

图2.4　层层叠叠的地层剖面

这就像考古学家根据出土文物的特征、文物的记载，推断它是属于哪个历史年代，并用来了解人类文明史的发生、发展和消亡过程。地质学家根据地震、测井资料以及岩心的矿物成分、结构、层理、生物化石等分析结果所反映的地质特征就可以推断储层是属于哪个地质年代的地层，然后根据其沉积旋回性和标志层进行分级对比，先划分大层序后划分小层序。这种旋回对比分级控制就保证了我们不会张冠李戴认错了层。经过细分对比我们就可以了解储层的沉积年代、空间分布和它的连续性。

了解油藏储层的连续性是制定开发方案的基础。但仅仅了解这些还远远不够，我们还需要进一步了解储层岩石的微细结构、储层流体的性质以及流体与储层基质相互作用的特征。只有全面了解一个油藏，才能制定出真正适合这个油藏的开发方案。国内外已开发的油田，多数是非均质程度不同的多油层油田。这种油田的主要特点是油层层数多，各层和各部分的性质又有着较大差异。层层叠叠的油层令人眼花缭乱，就像是一块色彩斑斓千层蛋糕（图 2.5）。

图 2.5　千层蛋糕般的油层

这种千层蛋糕状的油田，在注水开发过程中，由于层间差异性，如果不分开发层系或开发层系划分得不合理，就会导致各类油层之间注入水推进速度、采油速度、水淹情况和采出程度极不均衡，注入水主要进入高渗透层，使高渗透层注入水推进速度过快，水淹过早，采油速度过高；而中低渗透层吸水少，没有充分发挥作用。各层的开采状况和注入水推进情况有较大的差别，层间差异愈来愈扩大。在生产上的表现是：油井见水过早，无水采收率低，见水后含水率上升过快，其后果是见水后产量递减较快，产量不能长期稳定，也会造成最终采收率的降低。

因此，合理地划分开发层系是从开发部署上解决多油层油田层间非均质差异性的基本措施。所谓划分开发层系，其原则就是把特征相近的含油层组合在一起，与其他层分开，用单独一套井网开发，以减少层间干扰，提高注水纵向波及系数和采收率。这种按地质特征组合在一起的若干油层就是一个开发层系。

在层系划分过程中要注意每个独立的开发层系应具有一定的储量，以保证油田满足一定的采油速度，并具有较长的稳产时间，使油田生产保持稳定。

要把特性相近的油层组合在同一开发层系内，以保证各油层对注水方式和井网具有共同的适应性，减少开发过程中的层间矛盾。油层性质相近主要体现在四个方面：一是沉积条件相近，属于相近的沉积环境；二是渗透率相近，即组合层系的基本单元的平均渗透率及渗透率在平面上的分布差异不大；三是组合层系的基本单元内油层的分布面积接近；四是层内非均质程度相近。通常人们以油层组作为组合开发层系的基本单元，有的油田根据大量的研究工作和生产实践，提出以砂岩组来划分和组合开发层系。因为砂岩是一个独立的沉积单元，油层性质相近。

划分层系应以良好的隔层作为各开发层系边界，以便在注水开发的条件下，层系间能严格的分开，确保层系间不发生串通和干扰。在分层开采工艺所能解决的范围内，开发层系不宜划分过细，以减少钻井和地面建设工作

量,控制开发成本。

中国陆相油田不但层多,各层的物性差异又很大,层间差异对多油层油田开发效果的影响非常严重。如大庆油田的主要含油层系厚达200米,由40多个单油层组成,油层性质相差很大,平面上分布不稳定,有的单层在全区范围内呈大面积分布;另外一些油层则呈面积大小不同的透镜体状态,局部集中或全区零星分布。不同单层渗透率的变化差异很大,各单层间平均渗透率可相差五倍以上。因此,合理划分开发层系显得尤为重要。

分层注水、分层配产工艺技术日趋成熟后,也并不能完全代替划分与组合开发层系的作用,新工艺的出现,增加了考虑问题的新因素。首先划分与组合开发层系可以按照不同的油层性质,分别采用不同的注水方式和井网开发,保证更多的油层能达到比较充分的注水效果,达到比较高的采油速度和采收率。其次,划分与组合开发层系有利于清楚地掌握油层的开采动态,以便采用先进的采油工艺措施,分层配产、配注,调整与控制油水前缘均匀推进,从而有利于油田开发的管理和提高开发效果。最后,通过划分与组合开发层系可以将不同层系分期投入开发,这样能把认识油田和开发油田很好地结合起来,为实现高产稳产创造有利条件。

2.3 镜下观岩石薄片

在地质学发展的早期,地质学家们还不具备现代化的检测技术,只能借助放大镜来观察岩石的组成与结构,零散的经验汇集起来,就形成了岩石薄片鉴定的系统方法。通过对岩石薄片的观察,地质学家可以了解许多信息,如储层空间的微观结构特点,烃类物质在储层中的存在方式,岩石中石油分布与岩石结构、次生缝洞之间的关系等对油层认识起重要作用的各类参数。岩石薄片鉴定法虽然过程简单,却十分考验鉴定者的眼力与经验。在经验丰富的地质学专家眼里,一张薄片可以读出许多特别重要的储层信息，所以业内流传着"一张薄片一座山，一张薄片一油田"的说法（图2.6）。

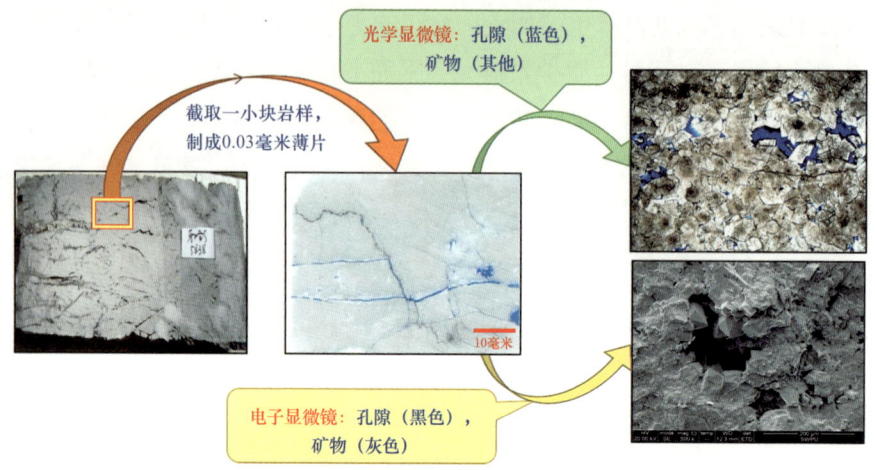

图2.6 薄片及其在显微镜下观察到的图像

> **小贴士**
>
> 磨片达人吴建平——匠心慧手，40年打造0.03毫米的指尖传奇。
>
> 西南石油大学吴建平是一位磨片达人，四十年的坚守造就了匠心慧手。他善于学习总结，创立了"翻片法"，大大提高了磨片速度与质量，一年制出3000多张薄片，效率超常人数倍。他制成的各种岩石薄片，诸如荧光片、超大铸体片、包裹体、电子探针、岩屑片等，都有极高的质量。

要获取岩石中的矿物组合、粒度、构造等信息，须将岩石标本磨到极薄，再通过偏光显微镜进行研究。薄片制作需经黏样、切割、粗磨、中磨、细磨、精磨、切样、抛光等12道工序，标准厚度0.03毫米，相当于发丝直径的一半。手工磨片是经典制片方式，一张岩石薄片需耗时近两小时，要求手臂持续均匀施力，是考验耐心和匠心的极精细的工作。磨片的成败，全在手指的一按一抬之间，轻了磨不到位，重了薄片磨废。薄片鉴定的经验积累需要漫长的时间，初学者以薄片鉴定地下储层通常精度不高且速度很慢，在地质科学发展初期尚能应对得当，在石油行业规模化大发展的形势下，仅以显微薄片来鉴定储层性质已无法满足油田开发的更高要求，因此目测薄片鉴定的方式逐渐被图像分析仪所取代，同时，更多、更先进的储层物性检测技术与方法也被发明出来，借此人们可以更清晰地了解储层的精细结构与性质特征。

储层的物理性质描述可反映储层的特征，例如，储层是砂岩层还是石灰岩层？厚度如何变化？砂岩构成的碎屑成分（如石英、长石、其他矿物及黏土等），它的组成、粒度、磨圆度、矿物的溶蚀和胶结如何？石灰岩层构成的成分（如石灰岩、泥灰岩、白云岩、生物碎屑等），它的组成、溶孔及缝洞发育如何？我们根据这些储层物性可以推断它的沉积环境和沉积来源。除此之外，我们要了解地下储层的质量，看它是否坚固，将来开发时是否容易坍塌出砂；看它是否致密，将来开发时应该采取什么工艺对它进行改造。

根据岩石的成因可以把岩石分为火成岩、变质岩和沉积岩三大类，三者在地壳岩石总量中的占比分别为20%、14%、66%。沉积岩不仅在地壳岩石中占比最高，也是绝大多数石油的藏身之所（图2.7），已发现的石油储层95%以上属于沉积岩。

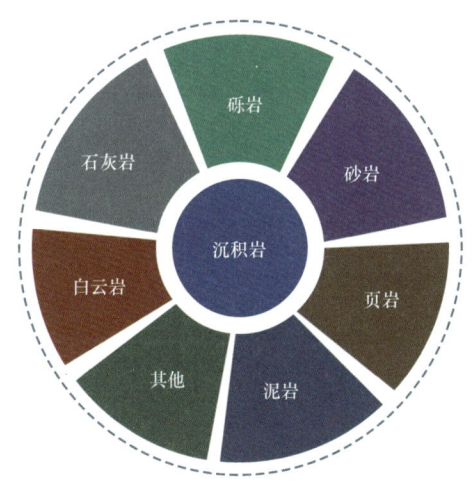

图 2.7　沉积岩类型

储层岩石的骨架由颗粒物与胶结物共同构建，通常颗粒物是骨架的主体，占比超过50%。颗粒的大小和排布方式是储层孔隙特征的主要决定因素（图 2.8）。而胶结物是颗粒物以外的化学物质，占比一般小于 50%，它将颗粒物黏结在一起形成坚实的岩石。岩石颗粒的大小通常用颗粒的直径来衡量，人们将颗粒的直径大小定义为颗粒的粒度。一般而言，颗粒粒度集中分布导致储层物质孔隙度较高，颗粒粒度多分散会使储层物质结构更致密，这是因为更小的颗粒会嵌入大颗粒之间的空白空间，使岩石的孔隙总体积变小（图 2.9）。

图 2.8　花岗岩的矿物组成

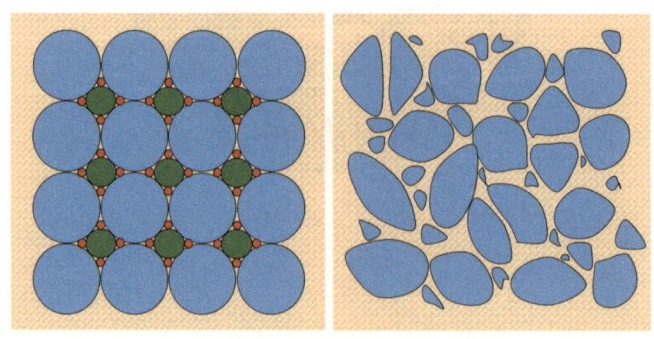

图 2.9　岩石颗粒之间的孔隙示意图

二　地下油藏显真容

> **小贴士**
>
> 火成岩可以细分为侵入岩和喷出岩。侵入岩是岩浆侵入地壳冷凝而成，典型侵入岩包括花岗岩、闪长岩和辉长岩等；喷出岩又称火山岩，是岩浆喷出地表后冷凝而成的岩浆岩，玄武岩是典型的火山岩。
>
> 沉积岩又称水成岩，顾名思义，是以下沉堆积等方式形成的岩石，堆积的原料包括各种岩石风化形成的碎屑、胶体以及动植物的残骸碎片等各种小颗粒物体，典型的沉积岩包括碳酸盐岩、砾岩、砂岩、页岩、泥岩等，其中砂岩、砾岩、页岩和泥岩碎屑特征明显，又归入碎屑岩小类。

颗粒的粒度仅能表示颗粒的大小，而岩石的比表面积则可以直接衡量岩石内部孔隙的总体情况。比表面积是指单位体积岩石内岩石骨架的总表面积或单位体积岩石内总孔隙的内表面积。如果岩石内部颗粒都是点接触，比表面积的数值将与所有颗粒的总表面积一致。

当流体在岩石中渗流时，稀疏而宽敞的孔隙对流体的阻碍相对较小，密集而细小的孔隙对流体的阻碍会更大一些，所以比表面积可以在某种程度上衡量岩石的渗透性质。

通过解析储层岩石骨架的性质，可以了解岩石的化学组成、结构强度、颗粒组成、渗流基础等方面的信息，为石油开采过程中的技术决策提供参考。

2.4　储层流体"三兄弟"

看到电影中黑色的石油从井口喷涌而出，让人觉得油藏仿佛是熟透了的柿子，薄薄的外皮里面充满了石油，轻轻在表皮上戳个洞，石油就会源源不断地涌出来。真实情况远非如此，油藏中的地层流体通常有三种，分别是石油、天然气和地层水，三者并存形成统一的地下流体系统，在油藏外壳上戳个洞，涌出来的不一定是石油，也有可能是天然气或水。

油藏中的油、气、水有点像淘气的"三兄弟"，有时水与油纠缠不清，采出油中含有数量不等的水；有时气与油合伙玩起捉迷藏，天然气藏身在油中，储层压力变小时又忍不住从油中跑出来；也有的天然气在地下伪装成油的样子，采出地面就变成气；也有的油经常变成气的样子，要加点压力才老老实实变回油。在未受打扰的时候，油藏中的"三兄弟"也会乖巧一阵子，此时油藏中油、气、水的分布是有规律的。一般而言，地层流体的特点是油、气、水以不同的相态共处于地层的高温、高压状态下，油和水中均溶有不同数量的气体，水中还溶有大量的盐类。特定的储存环境，使地层流体具有特定的物理性质，通称为高压物性。它们的黏度、密度等物理性质与大气压力、常温状态下的性质迥然不同。由于密度差的原因，通常气在上，油居中，水在下（图2.10）。

图2.10 背斜油气藏中的流体分布示意图

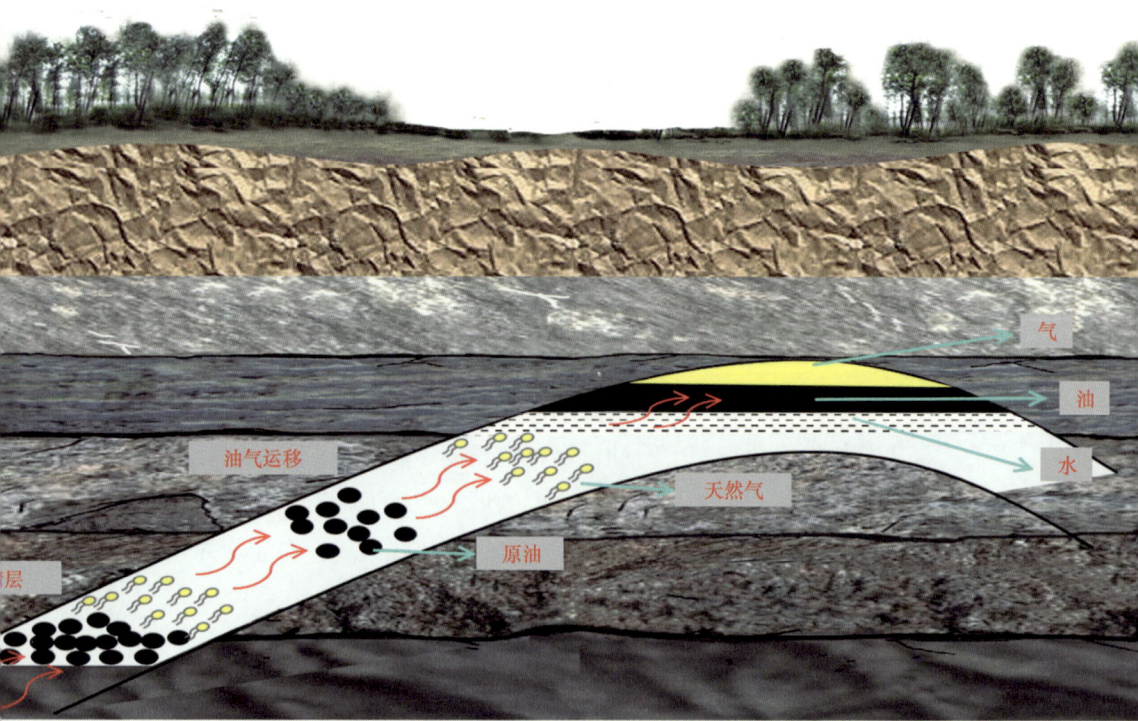

"三兄弟"中的油是多组分碳氢化合物组成的液态流体，含有少量其他杂质。在没有气捣乱的时候，测量石油对水的相对密度称为地面脱气石油的相对密度，这是衡量石油品质的重要参数。西方国家经常用°API来表示石油的密度品质，它与相对密度可以互相换算。国际上按密度品质把石油分成三类，分别是轻质油、中质油、重质油。轻质油易于开采和炼制，在市场上可以卖个好价钱；重质油难于开采，其炼制难度也比较高，因此整体成本高，经营利润低，在市场上不太受欢迎；中质油则介于二者之间。所以，石油性质对油田开发经营策略及技术手段影响很大。

"三兄弟"中的气是指天然气，它是烃类和非烃类气体的混合物。烃类气体通常是甲烷、乙烷、丙烷、丁烷、戊烷和少量的己烷及己烷以上的重组分；非烃类气体包括二氧化碳、硫化氢和氮气等。甲烷和氮气组分占90%以上的气藏称为干气藏，由于分子之间的引力非常小，一般不会凝聚为液态。非烃类气体中硫化氢是有毒气体，对人、畜的毒性都比较大。而且硫化氢呈酸性，具有腐蚀性，对设备有较强腐蚀作用。

描述天然气性质的主要参数包括密度、压缩系数、体积系数及其在一定条件下的黏度等。这些参数对于核算天然气储量和预测天然气产量变化等十分重要。

"三兄弟"中的水是指地层水，包括各种形式储存在地层孔隙中的地下水。在油藏中，地层水常处于所有流体的最下层，这种与油藏关系密切的地层水常常被称为边水和底水。也有一些水处于储层层间与内部，这些水还可以根据其存在状态分为束缚水、毛细管水和自由水。束缚水与岩石颗粒结合紧密，基本不会流动；毛细管水存在于细狭孔缝之类的位置，外力超过毛细管力时才具有流动性；自由水存在于较大孔洞内，流动性较强。

地层水对石油开发影响很大，在石油开采过程中会引入外来流体，如果外来流体中的组分与地层水中组分发生化学反应，就有可能形成一些固体物质沉淀并堵塞储层中的孔隙和渗流通道，这是地层水对石油开发的负面作用之一。

在石油开采过程中,石油在储层中的占比呈减小趋势,空出的空间将由地层水来补充。这种地层水进入储层的现象称为水侵,如果水侵作用破坏了石油渗流通道,会给石油开发带来负面影响。由于流体黏滞性、重力、毛细管压力等原因,储层流体的流动经常呈现锥进特征,如果锥进的水进入井筒,也会给石油开采带来极大干扰。

地层水的正面作用也不少,由于油藏的边水和底水影响着地层压力,这种由水传递的压力常常是开采石油的天然驱动力之一,地层水的这种作用原理被人们用来进行注水开发(图2.11)。地层水长期与周围岩石、油气相接触,会溶解一些油气组分或盐类,人们可以根据地层水溶解物的种类和数量预测地层构造的含油性。

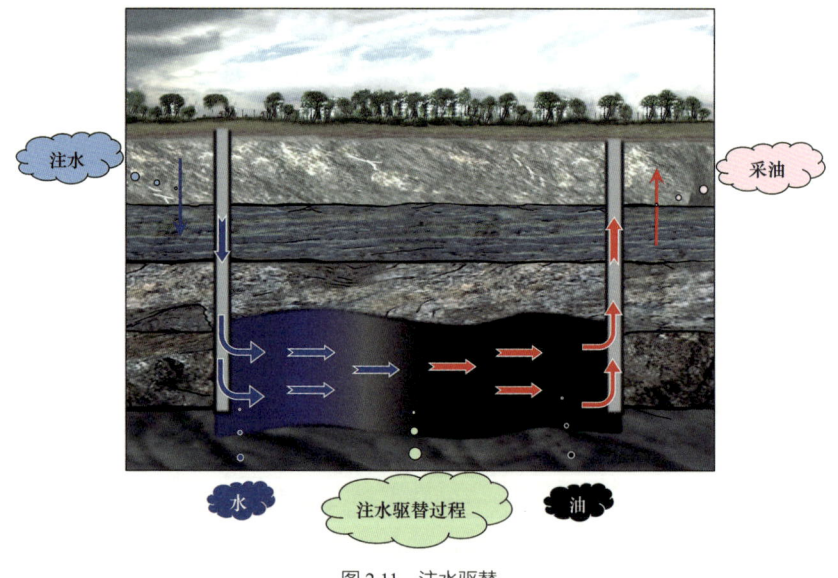

图 2.11 注水驱替

地层水是油藏中最常见的流体之一,无论它能带来多少麻烦,搞油田开发也没有办法躲开它。所以,只能在充分了解它的基础上,尽量发挥地层水对石油开采的助力,同时采取适当的措施来减少或避免其对石油开采的干扰。

油、气、水"三兄弟"虽然秉性各异,却喜欢腻在一起。有时候人们希望把它们分开,让水老老实实地留在地下,只把油气采集出来。有时候人们又希望水来帮忙,有步骤地挤占储层空间,把油气从它们的家里赶出来。知己知彼,百战不殆,不同的时期会有不同的石油开发策略。每种策略都要建立在对储层流体"三兄弟"的充分了解基础之上。所以,研究储层流体"三兄弟"的性质,对于油田的勘探、开发、提高采收率等有重要意义。

2.5 达西的神奇实验

豆大的雨点打在步行道的透水砖上面,一小片印迹如同浅浅的墨晕悄然散去,转瞬就消失得干干净净,不留一点痕迹。这点水究竟藏到了哪里呢?原来在透水砖里有数不清的微小孔洞,零星的雨水都沿着孔洞流进了地下。那么,在我们看不到的地下,是不是也会有这种静悄悄的流水呢?隐藏在厚厚岩土之中的纤纤细流,又是如何蜿蜒前行的呢?最初,人们对这样的问题仅仅是寄托于神秘的力量或大自然的造化,直到现代工业兴起,大量开采地下水的迫切需求才使地下水的流动规律进入科学的视野。

1856年法国人亨利·达西(Henri Darcy)在大量实验的基础上提出了地下水在砂层间隙渗流的经验规律,首次确定:通过砂层的流量与砂层横断面积及砂层两端测压管水头差成正比,与砂层厚度成反比。亨利·达西发现的这一规律为地下水运动理论研究奠定了基础,提供了此后水在砂土中运动的实验研究方法,并给出了这一实验的五大定律(图2.12)。为了纪念

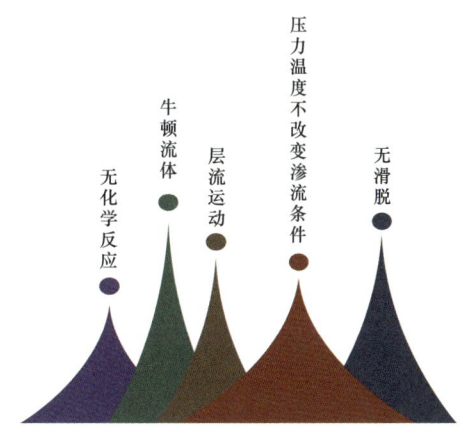

图2.12 达西定律五大条件

亨利·达西的在孔隙渗流规律研究领域的贡献，国际上将此项渗透规律定名为达西定律。

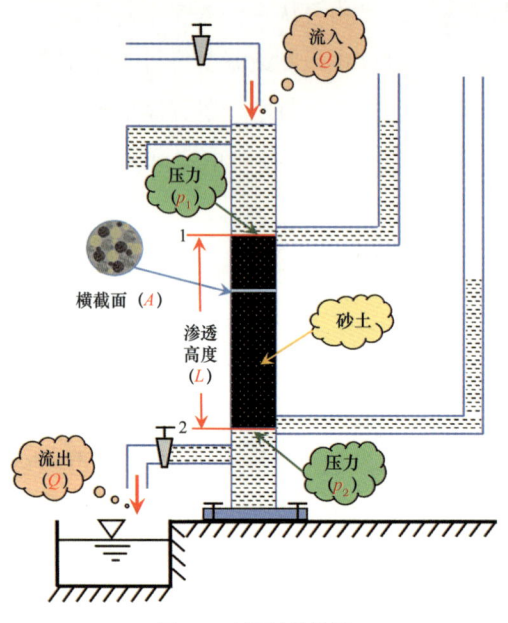

图2.13 达西实验装置

亨利·达西设计了一套实验装置（图2.13）。在直立的等径圆筒中装有均匀的砂粒，形成一段砂柱。水由圆筒控制，圆筒上端水位恒定，使其水头保持不变，从而使通过砂柱的流量为恒定。

在上、下端断面1和断面2处各安装一根测压管分别测定两个过水断面处的水头，并在下端出口处测定流量。试验过程中，水从装置上端流入，通过砂柱后从圆筒下端流出。

> **小贴士**
>
> 亨利·达西（1803.6.10—1858.1.3），生于法国第戎市，是第戎市杰出的工程师。第戎市数百年一直缺乏清洁的饮用水源。达西设计了一套配水方案为家乡彻底解决了饮水问题，方案获得了全面成功，成为当时法国及西欧的工程典范。才华出众的达西得到高度认可，被授予荣誉勋位并担任家乡所在省的总工程师。后来他的成就更加耀眼，并因此被巴黎市重用，期间还因为出色的工作而获得比利时勋位。1855年达西因病返乡，仍然坚持工程科学研究，在1856年总结并发表了举世闻名的达西定律。

达西公式：

$$Q = KA \frac{\Delta h}{L}$$

式中：Q为通过砂柱的流量（渗流量），米^3/秒；A为砂柱横截面（过水断面）面积，米²；h_1 和 h_2 分别为上、下端过水断面处的水头，$\Delta h=h_1-h_2$ 为上、下端过水断面之间的水头差，米；L 为上、下端过水断面之间的距离，米；K 为均质砂柱的渗透系数，米/秒。

达西公式表明，通过砂柱的渗流量（Q）与砂柱的渗透系数（K）、横截面面积（A）及水头差（Δh）成正比，而与渗流长度（L）成反比。而且，利用不同尺寸的实验装置进行达西实验，即适当改变砂柱的渗透系数（K）、横截面面积（A）及水头差（Δh）与长度（L），所得数据都符合达西公式揭示的数量关系。更进一步的实验表明，当流体渗流速度增大到一定程度之后，达西公式计算所得的结果将偏离实验测得的数据。这就是说，达西定律通常只适用于低速渗流。

达西定律以简单完美的数学公式揭示了渗流领域的真理，其在渗流领域的地位如同力学领域的牛顿定律一样不可替代（图2.14）。在达西定律中，渗透系数具有与渗流速度相同的单位，常用单位为米/天或厘米/秒。为了更好描述介质对某种液体的渗透能力，人们定义了渗透率的概念，规定流体黏度为1毫帕·秒，压力梯度为1大气压/厘米，介质横截面积为1平方厘米，通过介质的流体流量为1立方厘米，此时介质渗透率为1个单位，为了纪念达西的贡献，将这个单位命名为达西，符号为D。达西作为渗透率单位比较适合描述渗透率特别优秀的介质，而对于渗透率很小的介质，以达西为渗透率单位常常会得到位数很多的小数，为了方便，人们在描述低渗透介质的渗透性质时常以毫达西（mD）为单位，$1D=10^3 mD$。

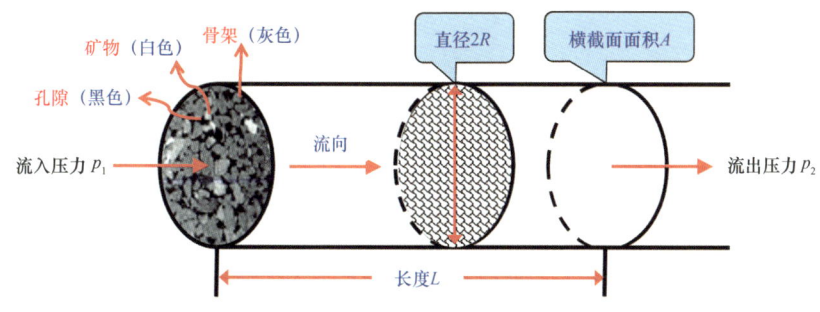

图2.14 达西定律的物理意义

自从达西定律被发现以来，人们对流体在多孔介质中的运动规律的研究逐步走向成熟。这些研究成果通过与多孔介质理论、表面物理、物理化学、固体力学、生物学等学科相互交叉渗透，已形成一门基础科学，即渗流力学。如今，渗流力学研究的对象也比当年达西时代扩展了许多，并形成相对独立的三大分支，生物渗流、工程渗流及地下渗流。生物渗流指动植物体内的流体流动，是流体力学与生物学、生理学相互交叉渗透而发展起来的，大致可分为动物体内的渗流和植物体内的渗流。工程渗流又称工业渗流，是指各种人造多孔材料和工程装置中的流体渗流。工程渗流涉及化学工业、冶金工业、机械工业、建筑业、环境保护、原子能工业以及轻工食品等领域。地下渗流指土壤、岩石和地表堆积物中流体的渗流。它包含地下流体资源开发、油藏渗流、地球物理渗流以及地下工程中渗流几个部分。地下流体资源包括石油、天然气、煤层气、地下水、地热、地下盐水以及二氧化碳等。

> **小贴士**
>
> 多孔介质的渗透系数或渗透率随空间位置和方向可以发生变化。如果介质的渗透系数随空间位置不发生变化，这种介质称为均质介质，而发生变化的介质称为非均质介质。如果介质中同一位置的渗透系数随方向不发生变化，这种介质称为各向同性介质，而发生变化的介质称为各向异性介质。

20世纪50年代后，石油天然气工业迅猛发展，全球油气需求节节攀升。对油气产能提升的渴望极大促进了对油气渗流的研究，作为地下渗流重要组成部分的油藏渗流力学已经渗透到油田开发工作的各个环节。油藏渗流力学是认识油层流体流动规律的工具，是油田开发设计、动态分析、油井开采、增产工艺、改造油层、反求地层参数、提高石油采收率等的理论基础。

2.6 孔渗饱知多少

科学研究已经证明，能够储集石油的储层岩石，在其内部遍布大小不一、形状各异的孔隙和通道（图 2.15），有的孔隙像气球，有的孔隙像水管，它们之间的连通情况也非常不确定，有的孔隙一端开放另一端封闭，有的孔隙像手串一样首尾相接排成长长的一串，形成一条条弯弯曲曲的通道。宝贵的石油资源在开采出来以前就是藏身在这些孔隙和通道当中。

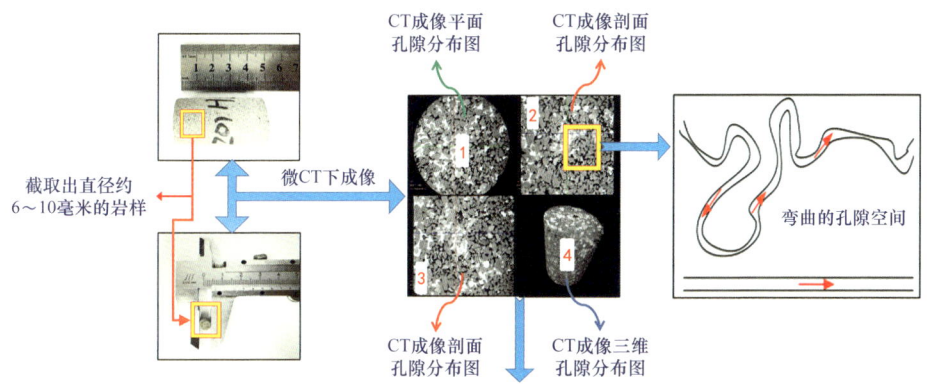

图 2.15 岩样在微 CT 下的形貌特征及岩石孔隙中渗流通道示意图

储层中到底有多少石油呢？这取决于岩石本身孔隙空间的大小和空间被石油占据的比例。如果岩石孔隙空间很大但石油占据的比例不高，或者岩石孔隙空间很小，这种储层就不可能蕴含大量的石油。反之，岩石孔隙空间很大且石油占据的比例也很高，这种储层就可以储集大量的石油。为了便于描述，人们用孔隙度来衡量孔隙占岩石总体积的比例，用饱和度来衡量石油占据孔隙空间的比例。

岩石孔隙度是对岩石储存流体能力的度量。定量地说，孔隙度是孔隙体积与岩石总体积的比率，如果孔隙体积是连通的孔隙体积加上不连通的孔隙体积的全部孔隙的总体积，这个比率就叫绝对孔隙度；如果孔隙体积仅是相互连通的孔隙的总体积，这个比率就叫有效孔隙度。石油开发过程中，那些不连通的孔隙，它们本身不能流出油气，也不能让油气从中通过，称为死孔隙，在不采取措施情况下对开发没有意义。因此，有效孔隙度对石油开发更为重要。

流体饱和度是石油储层岩石孔隙中流体的体积与孔隙体积的比值，当岩石孔隙中油、气、水三相共存时，所有流体的饱和度之和是100%。由于表面张力及毛细管力等因素的作用，储层孔隙中的油通常不会彻底流尽，这与沾满油污的抹布几乎不可能只用清水洗净的道理是同样的。油田开发后期，地层岩石孔隙中仍存在尚未采尽的石油，被称为残余油，其体积在岩石孔隙中所占的体积百分数称为残余油饱和度。不同的开采方法，其残余油的总量和残余油饱和度是不同的。如完全靠天然能量开采、在天然能量开采后期再注水开采、或者在开发早期就注水开采，都可能形成彼此不同的残余油饱和度。残余油饱和度的大小反映了油藏的开发效果，它既取决于油藏本身条件的好坏，又受开采工艺技术的影响。由于油藏中残余油的存在，它理所当然地成为提高采收率工作的目标。

夏日急雨过后，人们享受着那带有一丝潮湿的清新。走在人行步道上可以发现，脚下整齐的灰砖虽然也带着些潮湿，却完全不像旁边水泥路上那样水流成河。同样是路面，同样的雨，为什么两者会如此不同呢？其原因是两者渗透性不同。水泥路非常致密，雨水不能渗入其中，只能沿其表面流淌，步道砖内部和表面遍布孔隙，雨水一经接触就迅速渗入，不会沿表面流走。渗透性取决于物体内部结构，严格来说，所有的固体内部都会有一些孔隙，只是多少与大小不同，这些不同造就了它们在渗透性方面的差异。

岩石渗透率是度量地层传送流体能力的参数。流动阻力大的地方，石油就比较难于被赶出来。除非加大驱动压力差，或者把石油渗流的通道改造得大一些（通过压裂、酸化等改造措施）才能把更多的石油赶出来。储层岩石允许石油通过的情况就像马路上车流通行的情况一样，高速路上车流速度可以达到120千米/时，而在普通公路上车流速度只能达到60千米/时。马路越宽，通行能力越强。马路越弯曲，通行能力越低。当出现交通故障时，路面变窄，车流速度就会急剧下降，甚至降低到不能通行。渗透率衡量的是岩石中孔隙通道的截面积大小和孔隙的弯曲程度（图2.16）。岩石中孔隙通道的截面积越大渗透率越大，孔隙的弯曲程度越复杂渗透率越低。

岩石的渗透率是油田开发关键的参数之一，是决策一个油田能不能经济有效开发、采取什么工程技术开发的重要依据。岩石允许油、气、水通过的能力不一样，一般来说，将岩石的渗透率低于50毫达西的油藏称为低渗透油藏。因为这类油藏允许石油流通的能力差，所以往往需要增加很多工程技术措施才能开采出石油，这样开采成本就增加了。在低油价情况下，开采低

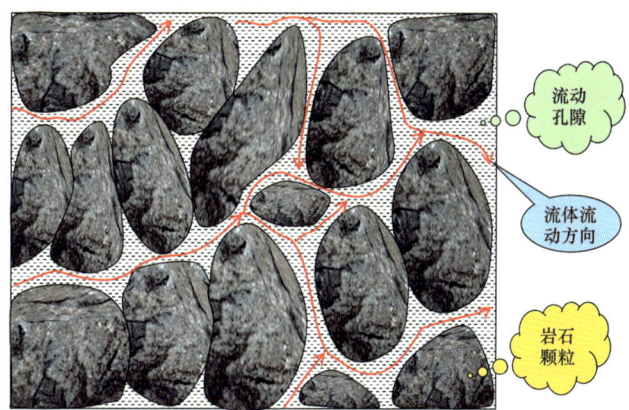

图 2.16　流体在岩石孔隙中的渗流示意图

渗透油藏可能会亏本。石油在储层岩石中的渗透率不仅与岩石结构有关，也与流体的黏度有关，越是黏度大的流体，流动性越差，在岩石中的渗透率也越差。如果地层构造都一样，可以肯定地说，气最容易跑出来，因为气的黏度低，流动起来阻力小，油黏度比气高，流动起来就比气迟缓。同是油，那些黏度低的比那些黏度高的容易流动，一些黏度极高的重油黏糊糊的，很难把它们从地下"拽"出来。

油田开发过程中，石油的渗流速度及其规律也是非常关键的因素，人们以渗流力学理论来解答这方面的问题。根据流体在介质中的运动状态把渗流分为稳定渗流与不稳定渗流。自然界的渗流受条件变化的影响，不可能存在稳定渗流。但为了更清晰地了解渗流运动规律，人们假定了一种理想状态，假设流体在多孔介质中渗流时，运动的主要物理量（如压力、渗流速度等）只随空间位置变化，而与时间无关，这就是稳定渗流。在某些实际渗流过程中，如果能够形成暂时的基本平衡的渗流状态，则可以近似为稳定渗流。

流体在多孔介质中渗流时，压力、渗流速度等参数不仅与空间位置有关，而且随时间变化，这种类型的流动称为不稳定渗流。不稳定渗流在油田生产中极为普遍，如弹性开采过程中，油藏内各点的压力从生产井开始逐渐

变化，形成压降，并随时间传播开来，油藏各点压力每一瞬时都在变化，此时的渗流就是不稳定渗流。

如油藏具有不渗透封闭边界，油井以定产封闭弹性驱动方式进行生产，当压力传播到泄油边界时，随着时间的推移，油藏弹性能量的释放趋于稳定，油藏中各点的压力随时间的变化速度相等，流体的运动就由不稳定渗流逐渐过渡到拟稳定渗流。

由于在油藏中的流体常常不止一种，当它们不能完全混溶时，就呈现多相状态，这里的"相"是指由具有相同成分、相同物理化学性质的物质组成。比如油与水共存时常常分为两相，"水相"与"油相"之间有明显的界面，气与水的分相情况与此类似。石油开发中，经常出现两相或两相以上流体在多孔介质中同时流动的情况，如油、水两相渗流，油、气两相渗流，油、气、水三相渗流等。在中国，绝大多数油田都进行注水开发，这时便发生油水两相渗流；在开发气顶油田或者当地层压力低于饱和压力时，气相分离出来，便形成油、气两相渗流；如同时又存在着天然水驱或进行注水，便是油、气、水三相渗流。所以，多相渗流在油田开发实践中比单相渗流更为普遍，更有实际意义，也更为复杂。

当油藏流体以油、气、水中的两相或三相同时存在于岩石孔隙中时，在各相流体之间、流体与岩石颗粒固相间就存在着水和岩石、石油和岩石、石油和水、石油和气、气和水等多种接触面，这些界面总面积较大，使流体流动阻力明显增大。所以，研究多相流体在多孔介质中的流动离不开界面物理化学和界面分子动力学理论。如水驱油时的油水非混相界面、天然气或二氧化碳驱油时的互溶混相驱油界面消失等界面问题。油气水三相在油藏岩石的细小孔道中流动，会引起毛细管现象、各种附加阻力效应等，从而对油藏流体的分布和流动有重大的影响。因此人们常常需要研究流动过程中伴随物理化学变化的渗流，这类渗流就是物理化学渗流。在中国，许多油田已进入二次或三次采油阶段，各类驱油手段的应用越来越多，物理化学渗流研究的重要性日益提升。

2.7 储层"住户"有亲疏

我们都知道船可以浮在水面上，即使用钢铁制造的船也同样可以浮在水面上。但是，你是否知道缝衣的钢针也能浮在水面上呢？如果不服气，可以用大口径的水杯装上一杯水，用缝衣针试验一下，一定会收获不小的惊讶（图2.17）。

缝衣针能浮在水面上与水的表面张力和水对针的润湿性都有一定关系。所谓润湿性是指一种液体与固体表面接触并覆盖其表面的能

图2.17 浮在水面上的缝衣针

力。如果一种液体与其可润湿固体的表面相接触，液体就会在固体表面产生扩散或附着的趋势，典型的例子是将水滴在毛巾或人行步道砖上面，水滴会迅速铺展开来并被吸收。反之，液体与其不能润湿的固体接触时液体在固体表面呈现收缩或剥离的趋势，典型的例子是将水滴在荷叶表面，水滴会缩成像珍珠一样的圆球在荷叶上滚来滚去，荷叶上被水滴滚过的地方既不会变湿，也不会留下水迹（图2.18）。人们常用接触角来表示液体对固体的润湿能力，接触角越小润湿性越好，接触角为0°称为完全润湿，接触角超过90°润湿性就比较差了，如果接触角达到180°，就称为完全不润湿。

托住缝衣针的力量是水的表面张力。液体表面的分子受到液体内部分子对它的吸引力，远大于外部对它的吸引力，这种不均衡的作用力的整体效果是沿着液体表面形成一种紧缩力，人们把液体表面这种垂直作用于单位长度上的紧缩力，称为表面张力。表面张力总是力图缩小表面积，使表面如同一层富有弹性的橡皮膜，这层膜就是托起缝衣针的关键。

液固之间的润湿性和液体的表面张力本质上都是分子间作用力的体现。

图 2.18　荷叶上的露珠不润湿

如果固体表面分子对液体表面分子的吸引力可以抵消液体内部分子对液体表面分子的吸引力，液体分子就可以较好地铺展在固体表面，表现为较好的润湿性。反之，固体表面分子对液体表面分子吸引力很小，不足以与液体内部分子的引力抗衡，液体就只能在内部作用力下缩成一团，表现为不润湿。

在石油开发领域，润湿性对油田的合理开发具有非常大的影响。石油在地下流动的空间实际上是一些弯弯曲曲、大小不等、彼此相互连通的复杂微孔道。这些微孔道可看作一段段变直径且表面粗糙的毛细管组成的多维互通管网。当地下流体在毛细管通道中流动时，流体

> **小贴士**
>
> **接触角**：通常用接触角来表示液体对固体润湿能力，当液体对固体润湿时，在液固表面的共垂剖面上过三相（气体、液体、固体）周界点（剖面上液固轮廓线交点）做液体轮廓线的切线，切线与液固接触面的夹角称为接触角，也叫润湿角。如果三相为液液固，以极性大的液体来计接触角。

与岩石表面的润湿性就决定了毛细管压力,从而影响流体在岩石孔隙中的分布和移动(图 2.19)。如果岩石表面具有亲水性,则水更容易进入孔隙并与岩石表面接触,使得原本吸附在岩石孔隙表面的油被逐渐替换出来,从而实现水驱油效果。相反,如果岩石表面具有疏水性,则水难以进入孔隙,不易与岩石表面接触,从而无法有效地驱赶孔隙中的油。

> **小贴士**
>
> 毛细现象与毛细管力:浸润液体在毛细管里液面升高,不浸润液体在毛细管里液面降低的现象称为毛细现象。毛细现象中引起液面高度变化的力称为毛细管力。毛细管力是评价储层性能、判断岩石润湿性、研究储层流体饱和度分布及残余油饱和度的重要资料,也是判断注入工作剂对储层伤害程度、评价增产措施实施效果的基本依据。

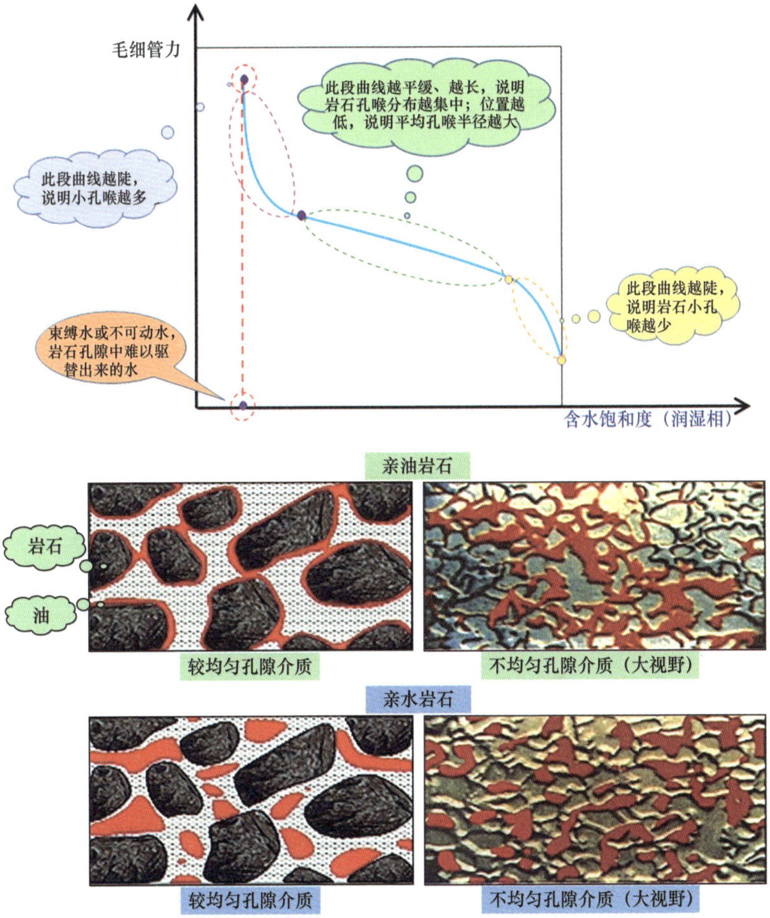

图 2.19 岩石界面张力特性

可见，油、气、水这几位"住户"与储层岩石的亲疏关系大有文章。石油开发工作者就是要学会辨别储层"住户"的亲疏关系并加以合理利用，才能顺利地把石油从储层中调动出来。由于润湿性、毛细管力都是通过表面接触才起作用，人们想到了改变物质表面组成方法来使这些界面现象能够有利于石油开发。比如可以用表面活性剂来降低流体的表面张力，从而改善流体在毛细管中的润湿性，进而使毛细管力的方向转向有利于流体采出的方向。在油田开发中，所有提高石油采收率的方法（如注入表面活性剂、混相开采等方法）都是力图降低油、水、气的表面张力或降低液相与岩石表面相接触形成的界面张力。

2.8 岩石也会"过敏"

春回大地，万物复苏，人们徜徉在花海中，但有的人每到这个季节就会莫名其妙地身体不适，研究发现这是因为花粉等物质引起了这些人的过敏反应（图2.20）。在石油开采过程中，人们常常需要向井筒、储层等处注入大量外来物质，比如钻井液、压裂液、酸化液、驱替液等。在实践中人们发现，有的油藏岩石在遇到类似"过敏原"的外来物质时也会像人类一样产生"过敏反应"。岩石过敏后，其孔隙度和渗透率往往会大幅度下降，会严重影响油田的开发，通常称其为储层伤害。

> **小贴士**
>
> 过敏与过敏原：有些人对外界的某种刺激的应激反应过于强烈而导致身体不适甚至死亡，这种现象称为过敏，引起过敏的刺激物称为过敏原。

储层伤害的内在机制当然不会像人类过敏那样复杂，其本质是岩石颗粒间的胶结物在暗中作怪。岩石胶结物中含有易于与外来物质发生相互作用的敏感性矿物组

图2.20 人类的过敏反应

分，在遇到可以发生相互作用的情况时，就会引发一系列变化，使颗粒间孔隙变小，增大了流动阻力，降低了流体通过能力。在钻井、完井、采油、增产、修井等各项作业当中，会大量引入外来的流体，往往会使各类岩石出现过敏现象。

石油科学家通过研究总结发现，造成岩石过敏的过敏原主要有五类，分别是速度、水、盐、酸和碱。由这五类过敏原所引起的岩石过敏称为"五敏"。

流体在储层当中的流动速度经常发生变化，岩石孔隙当中的微粒会随着流体速度的变化而产生运移，当微粒移动到孔隙相对较小的位置无法进一步移动，封堵了流体的运移通道，就会造成地层渗透率下降，这种现象就称为速敏（图2.21）。

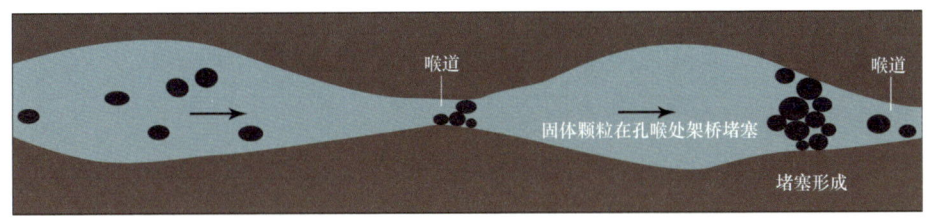

图 2.21 速敏示意图

在石油开发过程当中，有些储层岩石在遇到外来引入的水之后，就会发生膨胀、分散运移，也会堵塞流体的运移通道，降低地层岩石渗透率，这就是水敏（图2.22）。

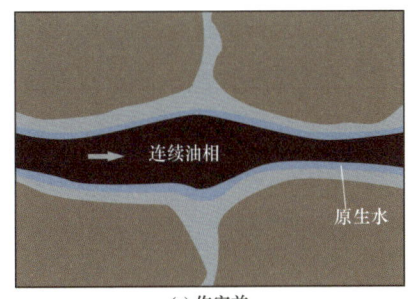
(a) 伤害前

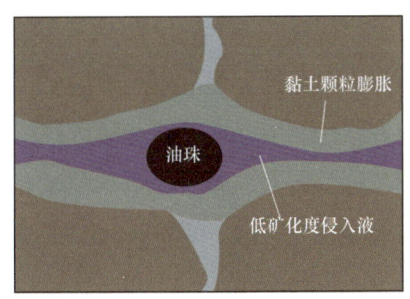
(b) 伤害后

图 2.22 水敏示意图

盐敏的特征和水敏特征类似，是指储层岩石在遇到盐水之后发生反应，黏土矿物水化膨胀，堵塞流体运移通道，从而导致地层渗透率下降。

油井在完井之后，为了提高井周围的渗透率，通常会用酸对油井储层进行清洗，通过酸溶解掉部分岩石，扩大岩石孔隙，但有些储层岩石在经过酸洗之后会产生沉淀或者颗粒，进而导致渗透率下降，这种现象被称为酸敏。

> **小贴士**
>
> 所谓泥质，主要是指黏土矿物，其颗粒非常细小，一般粒度小于 2 微米，大多为结晶层状结构，常呈片头状、板状形态，也有少数纤维状和棒状的造型。黏土矿物的特点是遇水会发生膨胀、分散、絮凝等变化，这些变化正是储层敏感性伤害的重要原因。例如，蒙皂石遇淡水会发生剧烈膨胀，是对储层伤害最大的水敏性黏土矿物；伊利石、高岭石易被流体冲刷而运移，是速敏伤害的重要元凶；绿泥石遇酸会产生沉淀，堵塞流体渗流通道，是典型的酸敏性矿物。

碱敏指的是高 pH 值的液体进入地层导致地层中黏土矿物和硅质胶结的结构遭到破坏，引起储层伤害。

五敏效应是由储层本身的固有特性决定的，储层岩石胶结物中的敏感性矿物是造成储层伤害的内因。胶结物的成分包括泥质、钙质（灰质）、硫酸盐（石膏）、硅质、铁质，最常见的泥质、钙质和硫酸盐。其中泥质胶结物是主要的敏感性矿物。

储层在遭到伤害之后，对于未生产的井，会导致产能估算不准，影响油田配产；而对于已经投产的井，会直接降低井的产量，影响油田开发，甚至会影响油田最终采收率。

为了预防或者尽量减少储层伤害对油田开发的影响，制定开发方案前必须进行储层敏感性评价并根据评价结果做出合理的规避伤害措施。储层敏感性评价主要通过岩心流动实验来完成，在实验中确定储层与外来流体接触时对流速、水、盐、酸和碱等因素的敏感程度，明确储层岩石的"过敏原"。

与人类预防过敏的方法一样，在油田开发过程当中让储层岩石远离"过敏原"，是防止五敏发生的重要手段。除了五敏，油藏的储层也会因开采速

二 地下油藏显真容

度、应力变化等原因受到伤害。在油田开发过程中,所有这些伤害都会对石油生产造成不利影响,人们因此总结出了系统的储层保护技术,通过一些针对性措施的实施,尽可能减少五敏等现象对储层的伤害,保证石油开发进程的顺利推进。

三　石油"过磅入库"知家底

地质勘探发现油藏后,地下油藏中到底蕴藏了多少油,油田开发工程仍要根据油藏家底来规划石油生产的投资规模与开发周期。

3.1 什么是油藏地质储量？

人们无法凭肉眼看穿隐藏在地下油藏的具体情况，因此在开发之前任何对油藏中蕴含多少石油的描述都有一定的不确定性。甚至，人们也部分认可没有任何实质发现的油藏储量估计，把这种估计称为未发现资源量。未发现资源量不具备生产意义，只能用于远景规划参考。真正的油藏地质储量必须要有实质性的石油发现作为支持，按确定性的情况又可以将其分为三级，分别为预测地质储量、控制地质储量和探明地质储量。

预测地质储量是确定性最差的地质储量估算，其发现依据仅是钻井获得油流或综合解释有油层存在［图3.1（a）］。预测地质储量是对有进一步勘探价值的疑似油藏的估算，是根据地质、工程条件分析和类比，有可能存在的石油储量。该圈闭内的油层变化、油水关系尚未查明，储量参数是由类比法确定的，没有任何其他佐证，按概率计算，期望值仅10%以上，误差范围很大，不能用于编制开发方案。这类储量如同湖里游的鱼，只是远远地看见它的影子，撒网去捕，十网九空也算正常。国际上将这类储量定义为可能的地质储量，以符号P3表示。

控制地质储量是在预测地质储量基础上，经过进一步钻探初步评价而得到的确定性较大的石油储量［图3.1（b）］。其标准是已完成有评价探井，测井解释有油层，但这些井均未测试证实；或与证实了的邻区可能具有统一的油气水边界，但评价井不足以控制该区含油面积，储量参数尚未落实的储量；或是还没有打评价探井，仅根据靠近证实了的邻区的油底界面推断而得的储量。按概率计算，其期望值应达到50%以上。这类储量可以作为编制油田开发战略方案的依据，如果期望落实到具体产能建设，则其期望值不宜超过30%，以免过于乐观估算油田的生产能力。同样以捕鱼为参照，控制地质储量相当于已见到有不少鱼游来游去，但还没有发现大规模的鱼群的踪迹，撒网下去，可能最多一半机会网中见鱼。国际上将这类储量称为概算的地质储量，以符号P2表示。

确定性最高的是探明地质储量,是在控制地质储量基础上经过进一步钻探评价证实,已完成探井、测井、岩心、测试等评价工作,并被证实的地质储量[图3.1(c)]。其评价标准是以现有技术和经济条件可开采并能取得经济效益,因此其确定性非常高,期望值高达90%以上,相对误差不超过20%。探明地质储量是编制油田开发方案,进行油田开发建设投资决策和油田开发分析的重要依据。如果还是用捕鱼来类比,相当于已发现了大规模鱼群的活动范围,撒网出去基本可以保证十网九不空。国际上将这类地质储量称为证实的地质储量,以符号P1表示。

(a) 预测地质储量(可能储量)　　(b) 控制地质储量(概算储量)　　(c) 探明地质储量(证实储量)

图3.1　地质储量的确定性

在油藏勘探开发过程中,储量是在不断变化的,以储量作为各类生产决策的基础时,不能简单套用油藏评价阶段的三类储量。在油藏投入开发以后,人们常用油田已开发储量、可采储量、剩余可采储量来规划未来生产决策。油田已开发储量就是已投入开发生产的探明地质储量,可采储量是指现有技术和经济条件下能从油层中采出油的量,剩余可采储量是指油田投入开发后,可采储量与累计产油量之差。剩余可采储量是一个油藏、一个油田乃至一个国家目前剩下的石油可采量,是最具现实意义和最有实际价值的矿产资源。由于油田一直从地下采出石油,剩余可采储量是不断变化的,通常需每年重新计算。

无论如何,石油仍是当前现代化工业社会不可或缺的能源支柱之一。自新中国成立以来,石油工作者以革命加拼命的精神在艰苦卓绝的条件下将

"贫油国的帽子甩到了太平洋"。因此,找到更多的石油地质储量始终是石油人的光荣使命。

3.2 掐指算出油储量

地下油藏的储量是石油开采过程中非常重要且必须明确的参数,可是石油深深藏在地下,人们没有办法直接测量,需要找到适当的间接测量法进行测算。地质学家们想到了许多间接测量石油储量的办法,其中以容积法和物质平衡法最为常用。

容积法是计算石油地质储量的主要方法。它的测算基础是油藏的静态资料和参数,如含油面积、油层厚度、孔隙度、含油饱和度等,所以又称静态法。容积法的适用范围很广,不仅适用于不同类型的油藏,也适用于油藏勘探开发的不同阶段,是国内外储量计算中应用最多的方法。

容积法的原理比曹冲称象的原理还要简单(图 3.2),相当于把大象切成小块再分别称量。简要地说,就是把石油储层分割成许多内部性质均一的小

图 3.2 曹冲称象

单元，然后把每个小单元的长度、宽度、厚度和石油体积占比这些参数乘在一起，就是这个小单元的石油含量，所有小单元的石油含量加在一起，就是整个石油储层的石油含量，也就是石油地质储量。

> **小贴士**
>
> 曹冲称象与间接测定法：传说曹操的儿子曹冲极为聪明。在曹冲五六岁的时候，曾经提出了一个称量大象重量的办法，先把象牵到一条船上，把船的吃水线标记好。然后牵下大象，再向这条船上装石头，直到船的吃水线与大象在时的吃水线平齐。最后，再把装在船上的石头一一称重，这些石头的重量加起来就是大象的重量。这种称象的方法就是一种间接测量法。现实中，间接测量法极大拓展了人类的认知范围，是科学发展的强大助力，许多没有办法用直接测量实现的任务，像测量地球子午线的长度、称量太阳的质量等，都需要采用间接测量法来搞定。

将石油储层切分为合适的计算单元，确定各个单元的面积和厚度。位于储层中央的单元，切分的时候自然知道面积有多大。需要注意的是含有石油储层边界的计算单元，要明确边界的位置和展布形态才能算出面积。因此，准确的石油储层的边界非常重要，需要在计算储量之前以勘探手段加以明确。石油储层的总含油面积就是具有工业性油流的地区的总面积，它应与各计算单元的总面积相吻合。同样，油层的厚度也应选取有效厚度，就是石油储层中具有工业性产油能力的那一部分厚度，就是在储层岩石总厚度中剔除那些不能产出油气的夹层和隔层的厚度而得到的可以产出油气的净厚度。可见，油藏的总体积由含油面积和油层有效厚度决定。

得到油藏的体积并不足以对石油资源量进行评价，可以用一杯啤酒来类比，杯子的大小确定了，也装满了，但里面有多少酒还得看泡沫多不多。对于油藏而言，其总体积中有相当一部分被岩石骨架占据，只有那些孔隙才有储藏油气的作用。而且，同样是孔隙，那些互不连通的死空间通常是不受外界影响的，在不采取增产措施的情况下对石油开采几乎没有意义。所以人们定义了储层有效孔隙度的概念，即岩石中连通孔隙的体积占岩石总体积的百分数。计算地质储量所用的有效孔隙度通常还要进行压力校正，这是因为在地层条件下，地层压力会影响孔隙的张开程度，压力较大时，岩石会被压得更坚实，相应地孔隙度也会降低。如果用地面条件下测得的孔隙度来计算储量，可能会大大高估石油的资源量，导致冒进的决策。有效孔隙度确定之后，还要剔除孔隙没有完全充满油气造成的影响。一般是以地面石油密度和地层石油体积系数来推算一定量的石油在地下储层中实际占据的体积，再用原始含油饱和度来衡量储层中原始状态下石油体积占有效孔隙体积的百分数。最后，用原始含油饱和度、储层有效孔隙度、油层有效厚度和含油面积等数据进行简单的运算，就可以得到我们迫切需要的石油地质储量了。

以容积法评估石油地质储量，要求对石油储层的静态性质充分了解。由于每口探井的实际控制范围有限，而又不可能将探井打得十分密集，所以许多石油储层的数据是靠推算得到的，因此容积法储量存在不确定性。与了解地下有多少石油相比，人们可能更希望知道到底能采出多少石油。这种情况下，就需要用到物质平衡法来进行储量评估。

可以假设一个例子来类比物质平衡法的原理，比如有一个不清楚具体多少面积的地下室发生了严重的水淹，用长杆测试发现水位很高且恒定，人们想要了解排空这些水该用几台水泵，要多久才能抽完。此时，可以利用物质平衡法来测算出地下室的水量。在抽水之前先测一个水位值，当抽水量达到某个确定值时，比如抽出了 1 吨或 2 吨水，再测一个水位值。那么我们根据这一两吨水对应的水位差，按比例计算出总水位高度对应的总水量是多少。

测算油藏储量的物质平衡法原理与上述例子基本一致，在评估储层石油储量时，人们利用地层压力差和石油采出量的对应关系确定油藏储量。如果利用地层压力差来作为储量评价的标尺，需要储层满足整体均一性，且温度和压力均保持平衡状态。对封闭型的未饱和油藏、高渗透性小油藏和连通性好的裂缝性油藏，以物质平衡法评估储量可以得到很准确的结果。对于渗透性差的饱和油藏，这种方法精度较差。与前述例子中的限制条件相仿，用物质平衡法评估石油储量的基本要求是地层压力变化要足够大，石油采出量也要足够大。一般要在地层压力降低 1 兆帕、可采储量采出 10% 以上时进行测算，得到的结果才有参考价值。

无论哪一种方法，我们都可以把所需要的参数对应在手指的指节上，掐指一算，就知道油藏的石油地质储量，神奇不神奇？

3.3 钻头一到　储量可靠

在中国，每建百万吨石油产能平均需要约三十亿元。如果某处产能建设已完成却发现储量资源并不可靠，造成的损失极为巨大。那么要怎么才能得到可靠的石油开发依据呢？两个字：钻井（图3.3）。

图3.3　钻井示意图

由于地质条件的复杂性和不确定性，除了在石油资源勘探过程中充满着风险以外，在探明储量和开发过程中都需要钻大量评价井和开发井，一口井的投资动辄数百万甚至数千万元。勘探的成本如此高昂，究竟可以得到哪些信息呢？对探明石油地质储量而言，勘探的主要要求为：（1）查明油藏类型、储集类型、驱动类型、流体性质及其分布、油藏产能等；（2）油水界面或油层底界经由钻井、测井、试油等资料证实；（3）具有合理的井控程度或开发方案设计的一次开发井网；（4）各项储量参数具有较高的可靠程度等。

这 4 个主要要求，每一个都需要钻评价井来确认。评价井就是为查明工业性油流圈闭的构造形态和断裂系统、储层特征、油藏类型和地质储量等而钻的详探井。通过评价井可以了解油藏地质特征、油藏产能，以及流体性质及分布等各类油藏关键信息，从而使控制储量升级为探明储量。

可见，要想决策可靠，钻头一定要到，地下储量探明，开发风险最小。

3.4 挖到筐里才是菜

资源能掌握在手里才有价值。石油开发更是如此，地下的油藏蕴含着丰富的石油资源，如果没有办法把它们从地下开采出来，这些资源就无法使用，从而没有现实意义。事实上，在石油工业的初期发展阶段，许多油井采用破坏式开发方式，在采收率很低的时候就没有办法再继续开采，只能废弃掉，浪费了大量的资源。这些教训让人们开始关注地下石油资源到底能够采出多少。研究发现，地下的石油在一定条件下很难完全采出。于是，人们把在现有技术和经济条件下，能从油层中采出的那一部分资源量称为石油可采储量。

石油可采储量可分为石油技术可采储量和石油经济可采储量。石油技术可采储量指在现有技术条件下，最终可采出的石油数量。水驱油藏一般计算到含水率 98% 为止，其他驱动类型油藏计算到技术废弃产量时为止，也称为最终可采储量。

石油经济可采储量是指经过经济评价认定、在一定时期内（评价期）具有商业效益的可采储量。通常是在评价期内参照性质相近著名的油田发布的国际油价和当时的市场条件进行评价，确认该可采储量投入开采技术上可行、经济上合理、环境等其他条件允许，在评价期内储量收益能满足投资回报的要求，内部收益率大于基准收益率。

石油可采储量不仅与油藏类型、储层物性、流体性质、驱动类型等自然条件有关，而且与开发方式、井网部署、注水方式、采油工艺、地面工程、油田管理水平以及经济条件等人为因素有关，它是随着工程技术、经济状况改变而可产生变化的量。原来计算的经济可采储量由于后来的市场条件或开采条件恶化（如价格下降、成本增加、递减率加大、增加评价井后发现地质储量减少、油井事故废弃等），经过重新评价有可能变成经济不可采储量；原来认为没有经济价值的可采储量，由于后来技术、经济、环境等条件改善或政府给予其他扶持政策，经过重新评价有可能变为经济可采储量。随着油田开发工作的实际进展，经济技术条件的改善，特别是采用新的开采工艺技术，采收率会随之提高，石油可采储量在油田废弃之前一直处于动态变化过程中，所以应定期计算可采储量。

无论油藏的探明储量有多少，可采储量才是能够挖到筐里的菜，把这些可能挖到筐里的菜真的挖到筐里是石油人的奋斗方向（图3.4）。

图 3.4　采油女工

3.5 地下"余粮"剩多少

艰苦年代,各类物资贫乏,维持正常生活的思路都是精打细算、节约为先,所谓"家有余粮,心中不慌"。油田开发也是一样,不能像早期破坏性开采石油的做法,井口出油就先采着,没油的时候再说。在石油工业发展成熟后,几乎没有哪家石油公司会采用毫无计划的破坏性开采方式,石油开发商时刻关注着石油采出进度和石油剩余可采储量,调整生产计划使石油资源的价值得到最佳体现。

石油剩余可采储量是油田投入开发后,可采储量与累计产油量之差,也就是可以采出、但目前尚未采出的石油数量。对于一个油田、一个油区、乃至一个国家来说,石油剩余可采储量即目前剩下的石油可采储量,是最有实际意义和最有实用价值的矿产资源。它不但会影响今后产量指标的制订和完成,甚至会影响到整个国民经济的发展决策。随着新能源的快速发展和石油重要性的相对降低,石油剩余可采储量的影响也在降低。但在今后相当长的一段时间内,石油仍是社会发展的重要能源,保持适当的石油资源储备仍是维护能源安全必不可少的要素。

剩余可采储量是油田开发的物质基础,它既是决定油田开发建设规模最重要的依据,这牵涉到巨额资金投入的合理性,又是油田能否在较长时期内持续发展的基础。剩余可采总储量和产量的比值称为储采比。储采比的大小标志着较长时期内以一定产量供应石油和持续发展能力的大小。对石油开发来说,应当有一个合理的储采比。一般对一个国家来说,储采比高一些,石油可以在较长时期内稳定供应,并且有较富裕的持续发展能力;对一个油区,储采比可以稳定在一个相对高一点的数值,能够在合理的产量下尽量避免大起大落;而对一个油田来说,对应于动用储量的储采比实际上就是剩余可采储量采油速度的倒数,应尽可能接近其合理值。

石油剩余可采储量的变化并不一定像坐吃山空那样均匀下降。这是因为

三 石油"过磅入库"知家底

开发计划也在变化,如果因为开采难度增大而调低了生产速度,剩余可采储量的下降速度也会随之变慢。另一种情况是因为需求强劲,石油开采不得不加快速度,剩余可采储量的消耗也会随之加快。

在许多国家或地区,某一时间阶段石油剩余可采储量不仅没有随着时间的流逝下降,反而呈现快速增长的状态,这是因为新的勘探发现增加了石油的探明储量。可见,要把石油资源的供应掌握在自己手里,仅仅靠计算原有的那一点点石油剩余可采储量何时彻底耗尽是不明智的。开源才是保证石油资源源源不断的根本大计,正因如此,石油行业一直在增加勘探力度,力争牢牢把能源饭碗捧在自己手里,地下石油有"余粮",国家能源安全才有保障。

四 油田开发"排兵布阵总设计"

古代打仗讲究"排兵布阵",同样,油田开发也离不开"排兵布阵"——油田开发方案设计,需要充分的预先谋划和及时的合理调度,而这正是油田开发的精髓所在。

4.1 油田开发全程通关图

油田开发是指从油田被发现以后开始，经过油藏评价、储量计算、编制油田开发方案、产能建设、投入生产、进行监测、开发调整直到最终废弃的全过程。油田开发的任务是通过对其全过程的优化获得好的经济效益和尽可能高的采收率，为国民经济提供更多的石油商品。概括起来，油田开发一般经历4个主要步骤，分别是油藏评价、油田开发方案编制、油田产能建设和油田开发过程管理（图4.1）。油田开发程序对于加快落实、充分利用和保护石油资源，合理开发油田具有重要的意义。

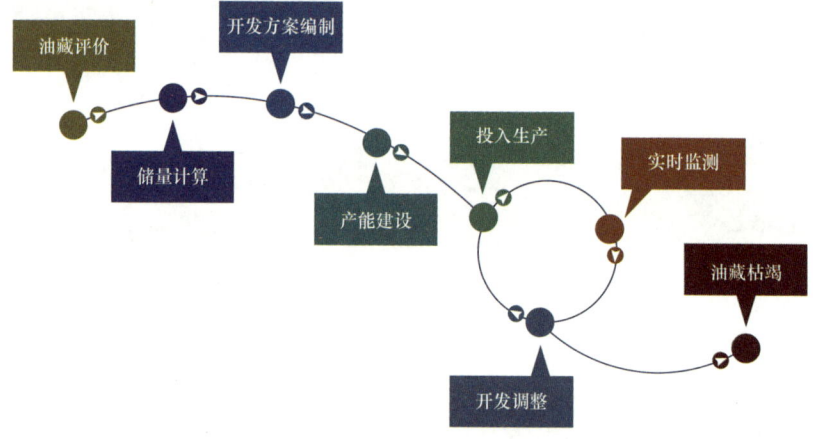

图 4.1　油田开发流程示意图

油藏评价的目的是对未开发油藏进行深入了解，其内容包括：部署和完成开发地震评价；评价井（含开发资料井）钻井、取心、录井、测井和试油；试采、室内开发试验、矿场先导试验（对于大型、特殊类型和开发难度大的油藏）；油田开发概念设计等。根据这些评价和测试的结果计算和申报油藏探明储量，并获取目标油藏的各类参数，为油田开发方案的编制做好准备。

在油藏评价阶段确定了油藏探明储量并做好了开发方案编制的准备后，就可以开始着手编制油田开发方案。首先根据油藏评价阶段取得的各项静态资料、动态资料，进行深入的地质综合分析，利用地震、测井、地质实验所获得的数据建立油藏地质模型。在此基础上，进行油藏工程设计，钻井工程设计，采油工程设计和地面建设工程设计以及健康、安全、环境（HSE）要求，经济评价和方案优选等工作，所有这些工作汇总在一起，就完成了油田整体开发方案的编制。

油田开发方案经批准并列入产能建设项目后，即进入产能建设阶段。产能建设要坚持整体建设的原则，其主要任务是按开发方案要求，完成开发井钻井、完井、测井和测试；进一步深入研究油藏地质、动态特征，修正和完善静态地质模型；编制射孔方案；部署静态、动态监测系统；进行投产、投注等。

油田生产过程中，油藏中的石油被开采出来，同时地层压力、地下石油蕴藏量、地层流体的状态等都会随之发生改变，这些改变对整个油田开发过程有着持续的影响，所以必须实施油田开发过程管理。油田开发过程是一个长期的过程，由不同开发阶段组成。各个开发阶段既有其自身特定的任务，又有相互交叉的任务。在油田开发的早期阶段，油田开发过程管理的主要目标是实现开发方案指标和油藏调控指标。其主要工作内容包括：实现开发方案确定的技术经济指标和油藏经营管理目标；开展油藏静态、动态监测和阶段性油藏精细描述，可采储量标定，搞好油田注采调整和综合治理，实现油藏调控指标。

在油田开发的中期、后期，油田开发过程管理的主要目标是开发调整和提高采收率。油田开发调整的主要工作内容包括：分析层系、井网、注水方式、采油工程和地面建设工程的适应性，探明储量复算、可采储量标定、未动用储量评价，进行层系、井网和注采系统、采油工程和地面建设工程的调整改造，编制油田开发调整方案。

提高石油采收率是充分开发地下石油资源的一系列措施的总和，一般包括改善的二次采油和三次采油及其他采油手段。其目的是通过一系列技术措施，不断改善开发效果，增加可采储量，进一步提高资源利用率。

图 4.2　把大象关进冰箱

建立科学的开发程序是正确认识和合理开发油田的关键。由于各个油田的主、客观情况不同，其开发程序包含的具体内容也不完全相同。一般应采取"认识一步，前进一步"的方式，分步骤地逐渐深化对油田的认识，以指导下一步油田的开发部署和实施，把地下石油资源这头"大象"关进油田开发这个"冰箱"（图 4.2）。

4.2　开发方案资料包

与庞大的油田相比，人显得太渺小了，一个人站在油田上面，仿佛小蚂蚁面对摩天大楼一般。而且，油藏深深地埋在地下，用眼睛根本看不到一星半点，了解油田只能通过各种间接测试，还不如盲人摸象那样可以直接用手去感受。像盲人摸象那样去了解油田显然是不行的，人们曾经因此吃过不少苦头。比如在克拉玛依油田，早期的八口井都显示地下油层很均匀，一层一层的构造很清晰，可是后来再打井，就发现原来的判断偏差很大，原来根本没有什么均匀的地下油层，石油全都藏在厚厚的砾石层的石缝当中。四川盆地的石油勘探也曾经栽过跟头，1958 年有两三口勘探井都出了油，大家都以为是发现了大油田，结果后来一口气打了三百多口井，连大油田的影子都没见到。可见，搞油田开发，单凭一两项地质指标来作决策是完全靠不住的，冒冒失失地急着下结论就可能会陷入盲人摸象的覆辙。

那么要了解多少资料才算是摸清了油藏的底细呢？大庆油田开发方案的编制过程给后来者树立了良好的典范。"三点定乾坤"之后（图 4.3），初步判定松辽盆地含油面积达近千平方千米。这么宽广的区域该如何进行开发？这个油田到底是大油田还是小油田？是好油田还是坏油田？是活油田还是死油田？参加大庆石油会战的各路人马就这些问题各抒己见，认真研究。松辽石油勘探局把前期勘探数据摆在大家面前，地质图上布满了红色、黄色、蓝色的圆点。红色圆点表示产油井，黄色圆点表示油水兼有的井，蓝色圆点表示只产水的井。三色圆点杂乱无章地散落在地质图上，没有人能够说得清它们的分布规律，究其原因，就在于资料不完整。

找到了问题的症结，大庆会战领导小组继续组织各路专家讨论哪些资料能够构成完整的决策依据。经过归纳总结，形成了包括含油面积、油层厚度、孔隙度、渗透率等13项内容的油藏资料采集要点。后来，时任石油工业部副部长兼大庆会战领导小组组长康世恩又专门组织专家完善了资料采集的要求，将资料采集范围扩大到20项，并根据这20项要求确定了72个需要了解与掌握的数据。然后由李德生等专家执笔整理成文，由石油工业部正式颁发为"大庆油田勘探开发中取全取准20项资料、72个数据"的地质工作规范，供石油地质工作者遵照执行。在这项规范的指导下，大庆石油工作者仅用了一年零3个月就取得了大量准确的第一手资料，证实了大庆

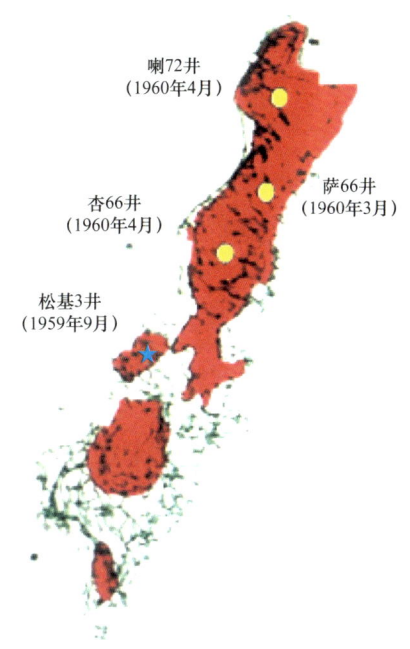

图 4.3　"三点定乾坤"

> **小贴士**
>
> 松辽探区的松基三井出油以后，为了尽快搞清油田的地质情况，时任石油工业部部长余秋里带领多名专家仔细分析地质资料后，决定打破常规勘探程序，不采用近距离十字剖面布井的方法，甩开钻探，在长垣北部的**萨尔图**、**杏树岗**、**喇嘛甸**这三个北部构造上布置3口探井。1960年3—4月，这3口井相继喷出了工业油流，松辽油田的面目基本廓清，史称"三点定乾坤"。

油田是一个大油田、好油田、活油田。1961年康世恩在大庆会战前线指挥所里过春节的时候，兴奋地说：现在是手里有粮（指大庆探明储量很大很可靠），心里不慌，脚踏实地，喜气洋洋！

随着科技的进步，石油开发方案基础资料包含的内容也在不断完善和升级，目前一般把这些必取资料分为六大类：地球物理资料、钻井取心资料、地质分析化验资料、流体性质及相态特征资料、生产动态资料和开发试验资料等（图4.4）。

图 4.4　开发地质研究

地球物理资料包括地震资料和测井资料两大体系。地震资料包括二维和三维地震资料、储层地震横向预测资料、垂直地震剖面等。主要用来研究构造特征和断裂系统及储层参数场的分布。测井资料用来识辨油水层及其参数（厚度、孔隙度、渗透率、原始流体饱和度）解释。对裂缝、孔洞及复杂岩性储层要进行特殊测井。

钻井取心资料来自对储层井段的局部取心和系统取心。一个大中型油田，要有一两口井全储层井段的系统取心；一个含油构造带或大型油田要有一两口井系统密闭取心或油基钻井液取心，以确定储层物性和原始含油饱和度，为油田地质特征研究和储量计算提供依据。

地质分析化验资料主要指对岩心、岩屑进行分析化验得到的成果。岩石矿物分析资料：储集体的岩石类型、矿物成分、成岩演化、胶结类型以及储集空间组合及次生变化、分布规律等；储层物性分析资料：储层孔隙度、渗透率、含油饱和度以及岩石粒度组成等；孔隙结构分析资料：包括铸体、电镜扫描、压汞曲线等。

流体性质及相态特征资料包括流体的物理性质和化学组成分析，流体的 PVT 性质分析，流体的热力学相态特征分析等。

生产动态资料主要是油（气、水）产量、注入量、累计产量、累计注入量和压力资料以及稳定试井和不稳定试井资料，提供油藏动态特征和生产能力研究。

开发试验资料包括室内物理模拟试验资料和矿场生产试验资料。室内物理模拟试验和矿场生产试验都是针对油田开发方案和调整方案的实际需要而提出的，在油田开发的不同阶段都可以进行。开发试验资料为油田开发方案和调整方案设计提供依据。

石油开发方案基础资料是油田开发决策的核心依据，半点马乎不得。康世恩曾经作对联批评马马乎乎、凑凑乎乎、满不在乎的"三乎"干部：心中无数办法多，情况不明决心大，岂有此理！大庆地质技术人员在地质工作规范的严格要求下，以"三老四严"的工作态度，以 114400 米岩心、160 万个化验数据、1780 万次地层对比完成了大庆地质储量的计算，为大庆油田长期开发打下了坚实的基础。

4.3 油田开发规划部署

某某规划方案，这个词离生活太遥远了，远得会让非常多的人都觉得一头雾水。那么，到底什么是规划方案呢？比如有一个小朋友说，我长大要当科学家。他这个表述就不能算规划方案,可以算是远景目标。又有一个小朋友说,我明天要去逛游乐城,要吃大餐、看电影、打电子游戏。这个也不能算规划方案,可以算行动方案。第三个小朋友说,我最受不了看到生病的人被折磨得痛不欲生,我要好好学习理科功课,考上很棒的医科大学,毕业以后用十年时间遍访名师学好治病的本领,成为一个悬壶济世的好医生。这第三个小朋友的话基本上可以算作规划方案了(图 4.5)。可见,所谓规划方案,是对未来较长时期内一系列系统行动的框架安排。它虽然指向性很强,但并不针对某个具体的行动,在实现过程中也可能会有相对灵活的变化。

图 4.5　行动与规划

　　油田开发规划方案就是根据国家和市场对油田的产量要求和投资情况,制定油田今后(如 5 年或 10 以及更久)规划指标及各油田产量安排。即计划油田在今后较长一段时间的产量安排和总的建设工作量,它是指导油田开发的纲领,是制定年度计划的依据。比如某油田石油探明储量有 50 亿吨规模,规划方案就可以规划这个油田拟开采 50 年、每年开采石油 1 亿吨总开发目标。并根据这个目标做出资金投入、人员配置、工程建设、开发手段等一系列指向性的规划。

　　对较大油田来说,不宜一次全面投入开发,因此要在认识油田地质特征的基础上，对油田开发程序、开发方式、层系井网、钻采工程、地面建设、投产步骤等重大问题进行论证，对油田生产水平、稳产年限、开发效果、经济效益等进行预测，对油田整体开发做出5年、10年或更长的工作安排。

一般而言，油田开发规划方案可分为三种类型，即长远规划、阶段规划和年度规划。长远规划最为粗略宏大，年度规划最为细致精确，而阶段规划则需要兼顾二者，即要为长远规划做基础，又要为年度规划做指导，所以通常阶段规划（特别是五年规划）最受重视，相应地其内容最多、工作量最大。

为制定科学的符合油田实际的规划，要对油田产量递减规律、含水上升规律、各种增产措施的效果等进行分析、评价和预测，方能编好规划方案。油田开发规划的内容包括油田总的情况和目前开采现状，全油田和分区逐年产量安排，钻井、基本建设和各种措施工作量，经济效益测算等内容。在规划编制过程中还要掌握油田开发状况、前一阶段规划执行情况、油田开发效果及生产管理情况、生产措施的效果及潜力情况等内容，在此基础上对未来开发指标做出科学预测，制订油田开发原则和技术界限，提出规划实施要求和科技攻关需求，根据不同的方案指标提出推荐方案并进行优选。经过优选胜出并获得上级批准的方案，将成为油田开发工作的指导性文件（图4.6）。

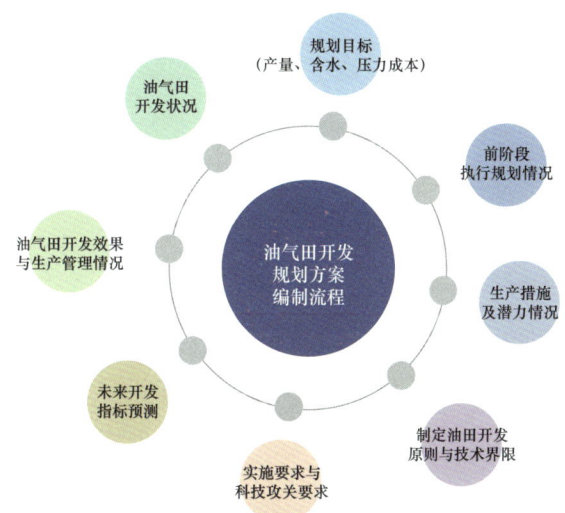

图4.6 石油开发规划编制的工作流程图

经过几十年的积累，油田开发规划方案的编制已形成了科学性很强的系统工程。受益于油田开发指标预测方法的不断丰富与完善，油田开发规划方案的理论性得到加强，与后续开发方案的符合率逐渐提升。引入经济评价工作，使方案优选更贴合油田生产经营的实际。与计算机技术的结合则显著提升了油田开发规划方案编制研究的广度、深度和工作效率。

4.4 油田开发方案设计

开发方案和开发规划方案，好像有点区别，它们是一回事儿吗？可以用钓鱼来类比一下。一个爱钓鱼的人，如果他打算花两个月时间熟悉附近的水情和鱼情，花 1 千元买钓鱼装备，花一个月时间跟朋友中钓鱼老手学经验，争取两年内实现日常吃鱼不用买等，这些都可以算钓鱼规划方案。如果他打算一周后去 10 千米外某处钓鱼，为此列了用品清单，包括帐篷、夜灯、防蚊药水、退热药、止泻药、防中暑药、两套钓具、马扎、阳伞、面包、饮用水、鱼饵等，计划在一周内备齐所有用品，周末驾车出发，钓满两天后返程。这些打算就是钓鱼方案。对油田开发而言，规划方案和方案的区别与上述两个钓鱼方案之间的区别相仿，一个侧重目标，一个侧重行动。

油田开发方案设计包括油藏地质综合分析方案设计、油藏工程方案设计、钻井工程方案设计、采油工程方案设计、地面建设工程方案设计和经济评价、方案优选以及方案实施要求等内容（图 4.7）。

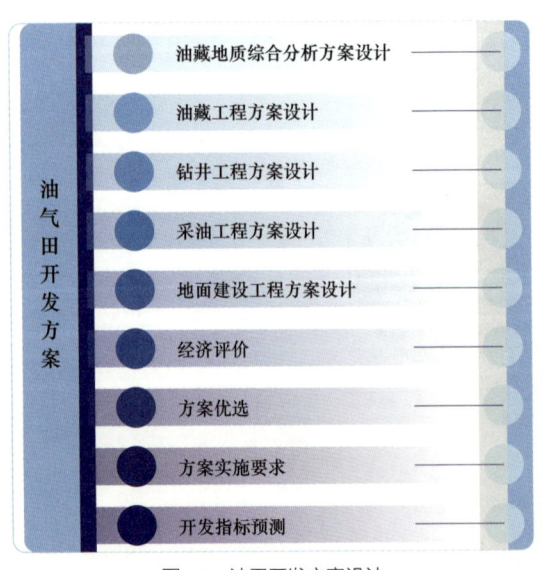

图 4.7　油田开发方案设计

四 油田开发"排兵布阵总设计"

油藏地质综合分析方案设计包括油藏构造和断裂系统评价、储层特征评价、油藏类型评价、流体性质及相态评价、储量评价、油藏温度和压力系统评价、产能评价、天然能量评价等内容。其任务是做好油田开发前期准备，为开发方案编制提供依据。

油藏工程方案设计包括开发原则制定、开发方式选择、开发层系的划分与组合、开发井网部署及注水方式选择、生产能力设计、开发指标预测、技术经济分析和方案对比优选以及方案实施要求等。

根据油藏工程方案可以进行钻井工程方案设计，其主要内容包括：油藏工程方案要点，采油工程方案要求，已钻井基本情况分析，地层孔隙压力、破裂压力及坍塌压力预测，井身结构设计，钻井装备要求，井控设计，钻井工艺要求，油层保护要求，录井要求，固井及完井设计，健康、安全、环境要求，钻井周期设计，钻井工程投资概算。

同时，要进行采油工程方案设计，其主要内容包括：油藏工程方案要点，储层保护措施，采油工程完井设计，采油方式和参数优化设计，注入工艺和参数优化设计，增产增注技术，对钻井和地面工程的要求，健康、安全、环境要求，采油工程投资概算，其他配套技术。

石油开发必须具备配套的地面工程，地面建设工程方案主要内容包括：油藏工程方案要点；钻井、采油工程方案要点；地面工程建设规模和总体布局；地面工程建设，各系统（集输系统，处理系统，供、注水系统，供电、通信、道路系统，防腐保温系统，供热、采暖、通风系统等）工艺设计；土建工程、防垢工程、生产维修、组织机构和定员方案；健康、安全、环保和节能等方案；地面工程方案的主要设备选型及工程用量；地面工程总占地面积、总建筑面积；地面工程投资估算。

油田开发方案设计的经济评价是在石油工业建设项目经济评价的有关政策、规定的指导下进行的。评价方法采用国际上通用的动态现金流量法并辅以静态分析方法。评价时以油藏工程设计方案为对象，根据钻井和地面建设工程设计估算投资，根据采油工程设计测算生产成本，再结合销售收入，评价年限、税率和贴现率等参数进行评价。评价得出六项主要经济指标：内部收益率、投资回收期、投资利润率、投资利税率、净现值和建成百万吨年产能所需投资。然后进行敏感性分析，最后进行技术经济综合决策分析及方案优选。

油田开发方案设计是一项综合运用多学科的复杂的系统工程，往往需要多学科的人员组成专门的小组，相互协调，共同完成，才能保证方案的完整（图 4.8）。

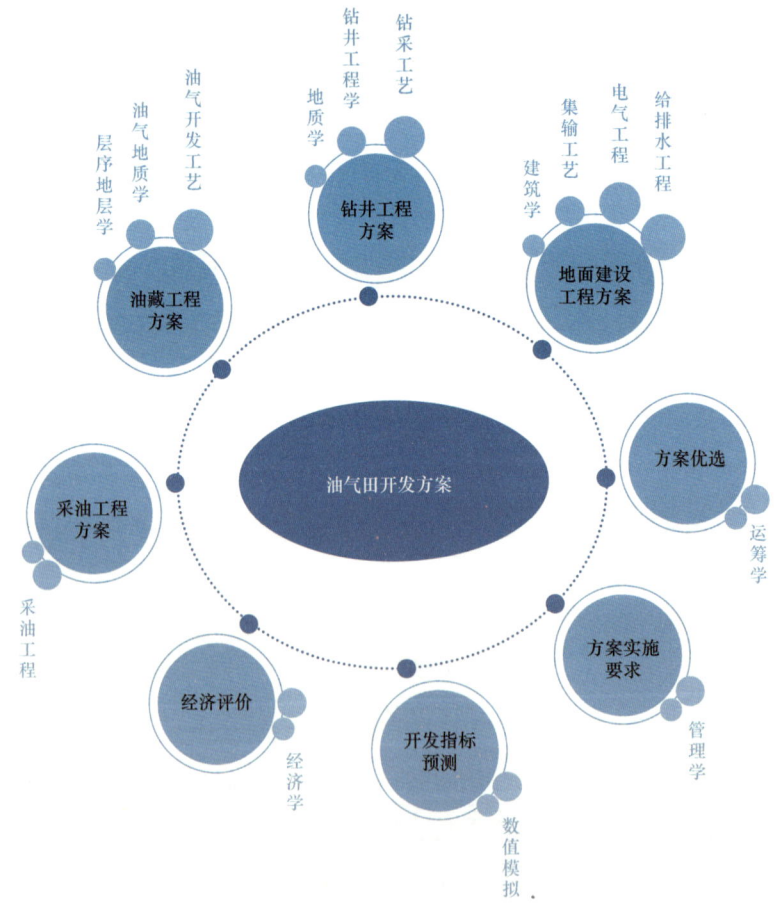

图 4.8　多学科协调完成方案设计示意图

4.5 油田开发多阶段

一个油田的寿命是有限的，就像人的一生一样，可以分为多个阶段。油田开发的早期阶段，发现井和评价井的数量都不多，油田生产动态数据也很少，对油田的认识远达不到充分的程度。这个阶段油田开发工作者有两项很重要的工作，一是进行预开发可行性研究，或称为概念设计；二是集中力量编制好油田的开发总体方案，进行投资决策及组织钻生产井、建设油田的集输工程、供电、供水、排水、交通、通信及生产基本建设等地面工程和投产。

勘探中有了石油资源发现并确定了开发前景，即可开展概念设计。其基本任务是充分应用地球物理资料和发现井地质及试采资料进行早期油藏评价，详细阐述后续详探评价的步骤及转入实施开发的条件，提出需进一步获取的资料及需要开展的先导试验，对油藏开发着重进行机理研究和油层敏感性分析，为进行早期科学决策提供依据。

不同的油藏类型和获得的资料信息量的多少对设计的可信度影响很大。在地质构造简单、含油面积大、油层多、储量丰富、获得较多储藏信息的情况下，概念设计的可信度比较高；对于复杂的断块、构造—岩性油藏，必须采用勘探和开发交替进行的滚动勘探开发程序进行滚动评价和滚动开发。对这两大类油藏概念设计所提出的开发程序应该有明显的区分，对所提出的油田开发基本原则、可能采用的开发部署、开发指标、经济指标都应指明可能波动的幅度。

在油田的详探工作基本结束，开发准备程度比较成熟的情况下，可以着手编制油田开发总体方案设计。油田开发总体设计是油田开发工程项目立项和投资估算的决策性蓝本。它的主要任务是要确定油田开发层系的划分、注水与采油井网的部署和开采方式。要明确先开采哪些层，要打多少井，打什么类型的井，用什么方法把油采出来，油田生产规模能搞多大，油藏动态监测系统、钻井、采油、地面建设及实施程序如何合理安排。这一系列的技术问题都要从油藏特性出发，尽可能满足国家与企业的政策需求，并达成一定经济效益的目标,对多个方案进行优化评价进行开发决策。

油田全面投入开发直到进入中高含水开采期前为油田开发中期。在这一阶段,油田通常要进行一系列调整,使油藏的潜力可以得到进一步发挥。稳产期长短与油藏类型、石油采出速度、措施工作有很大关系。这个阶段末期,对水驱油田来说,大约可采出可采储量的60%,有的油田可达到70%。

在油田开发中期,开发井网已经形成,系统取心井也已钻完,获得了大批的井孔静态资料和岩心分析数据,为测井解释打下了基础,积累的数据和信息已经可以支持储层地质静态模型的建立。储层地质静态模型是针对某一具体油田的一个储层建立的,它将如实地描述该油田的地质特征在三维空间的变化和分布,不追求控制点之间的预测精度。此模型为油田开发实施方案,油田开发动态分析和作业施工、配产配注方案和局部调整方案提供了依据。

通过油田动态分析,对油藏的地质认识深化后,就有能力对原先的方案设计与油田开发过程中暴露出的各种矛盾加以调整。鉴于油田地质情况的复杂性和油田开发过程中的变化,不可能一次性认识清楚,只能分阶段地去认识,并根据新的认识,分阶段地应用新的技术成果对油田开发进行综合调整。

大庆油田开发初期所确定的方案是横切割行列早期注水,两排注水井夹三排生产井生产,各切割区的采油速度保持在1%左右。经过10年开发不断取得新认识,从1970年开始,逐步将行列井网中间的生产井排改为间注间采,并适当增加点状注水井;新开发层系采用面积注水、提高排液量开采,实现了全面分层注水。1976年全油田采油速度提高到2%,达到了年产5000万吨的水平,在中高含水期又深入开展试验,充分挖掘差储层的资源潜力,寻找剩余油分布规律,钻加密井提高注入水的波及面积,进行开发井网的结构性调整,在年产5000万吨的产能水平上实现了高产稳产27个年头。

油田综合调整是以对油田地质特征再认识和开发效果评价两个方面为前提的。地质特征描述的重点是对储层的沉积微相(油层更加细微的沉积特征)进行再认识,分析不同微相在开发过程中的油水分布特点,分析不同微相界面对开发效果的影响。开发效果评价的重点是分析各类储层的储量动用状况及影响储量动用的原因,从而对原井网、层系、注采关系、压力系统、钻加密井和采取相应的开采工艺措施提出综合调整意见,其目标还是在于改善油田开发效果和提高管理水平、提高油田可采储量和最终采收率,充分、合理地利用资源,使调整后的石油生产能够获得更大的经济效益。

油田开发的后期阶段是产量全面递减阶段,直至油田开采到没有经济价值为止。油田步入开发后期,产量逐步递减是自然规律。油田经过几十年开发,有许多油井或注水井的套管已经损坏,需要修补或报废。如果是注水开发的油田,其含水率可能已高达 90% 以上,生产 1 立方米的石油,实际上要采出 10 立方米的油水混合液,因而也就需要处理 9 立方米以上的污水。在这个阶段,油井生产成本越来越高。

油田开发后期到了递减阶段,只要管理好,递减速度是可以减慢的。主要是加强油井管理,比如对油层进一步复查,打开那些开采程度相对较低的油层;或是在开发初期漏掉的油层中寻找剩余油的富集区,改变其液流方向,钻侧钻井或补打一些调整井;开展三次采油,开采出更多的剩余油;及时调整油井参数,使之工作制度更为合理;减少停产井,让更多死井变活井。

油田开发到了后期,一切增产措施都应考虑是否能够收回成本,是否有经济效益。许多提高采收率的办法已经用过,再重复使用意义已经不大,当石油产能衰减到没有经济价值而又没有办法恢复其生产能力,就只好将这块油田废弃。当然,如果积累的数据显示还有一部分石油可以采出,也可以进行老油田的二次开发,让失去产能的油田焕发第二春。

4.6 开发方式有讲究

油田是个复杂的系统,如果石油可以自己从储层中跑出来进入集输系统,那是再好不过了。这种好事并不是凭空想象出来的,而是石油工业发展之初的普遍现象，引起井喷事故的自喷井正是这样，打好井以后石油就自动乖乖进入集输管线，成为人们牟利的黑金。但是，随着石油工业的发展，越来越多的油井并不具备自喷的性能，人们不得不另想办法获取地下的石油资源。于是，如何选择开发方式成为石油生产必须确定的重要前提。

开发方式包括利用天然能量开发和保持压力开发。利用天然能量开发是早期采用的一种开发方式，而保持压力开采是用人工向油层内注水、注气或注其他流体，向油层输入外来能量来保持油层压力。

利用天然能量开发就是依靠油藏本身具备的天然能量进行驱油。弹性能量、溶解气能量、气顶能量、边底水能量和重力能量都是天然能量的重要组成部分。利用油田的天然能量进行开采，由于油田在开采过程中压力能量不断衰竭，故有人称这种采油方式为衰竭式开采，也有人把这种开采方式称为一次采油。

边水驱是主要的天然能量驱动方式之一。衰竭式开采时，油藏表现为自身（油藏岩石、石油、束缚水）弹性膨胀的弹性驱动，接着由于边水区与油藏之间建立了压力差，因而出现了弹性水压驱动。边水驱动方式只适宜于边水能量充足的小油田或小区块，对于中等规模的油藏或区块，边水驱往往只影响到边部区域的生产井，而油藏内部的生产井则难以见到边水驱效果。因此，一般情况下，边水驱油藏难以保持压力和满足给定采油速度的要求，最后导致以溶解气驱动为主的混合驱动，使采收率降低。但是，边水驱与人工水驱比较，边水驱动驱油效率高、产能建设投入少。

底水驱也是主要的天然能量驱动方式之一。衰竭式开采时，油藏首先表现为自身（油藏岩石、石油、束缚水）弹性膨胀的弹性驱动，接着由于底水区与油藏之间建立了压力差，因而出现了弹性水压（底水）驱动。底水驱与边水驱比较，底水驱油藏油水接触面积大，油井受效相对较好，压力下降相对较慢。底水驱与人工水驱比较，底水驱驱油效率高、产能建设投入少，但底水驱容易产生底水锥进，因而波及效率低、由于油井的产量受到临界产量约束，生产压差不能太大。因此底水驱油采油速度低、含水上升快，稳产时间短,特别是垂直裂缝比较发育的油藏,表现更加显著,底水驱的开发效果会差。此外,为了延缓底水锥进,油层打开厚度受到限制。与同类油藏比较,底水驱油藏单井产量相对较低。

天然能量驱油的优点是投资少、成本低、投产快。但油藏的天然能量都是有限的,具有充足天然能量补给的油藏比较少见。因此,天然能量作用的范围和时间有限,油田开发带有"掠夺式"的色彩,达不到油田长期稳产和实现较高采收率的要求,最终采收率通常较低。为了弥补天然能量驱油能力有限,人工补充能量的开发方式逐步发展起来,并成为油田的主要开发方式。

人工补充能量开发是用人工方法向油层内注水、注气,向油层输入外来能量来保持油层压力,从而进行开发(图4.9)。中国油田的储层,大多数属古内陆盆地沉积。与海相沉积储层比较,陆相沉积单砂体展布范围较小,砂体连通性较差,非均质性较强。因此,油藏天然能量普遍不足,很少有天然刚性水压驱动、气顶驱动类型的油藏。利用油藏天然能量开采,油藏压力下降快,油井产量递减迅速,采收率低。基于中国油藏的这种特征,在油田开发中普遍采用早期注水人工补充能量的开发方式。20世纪60年代,在大

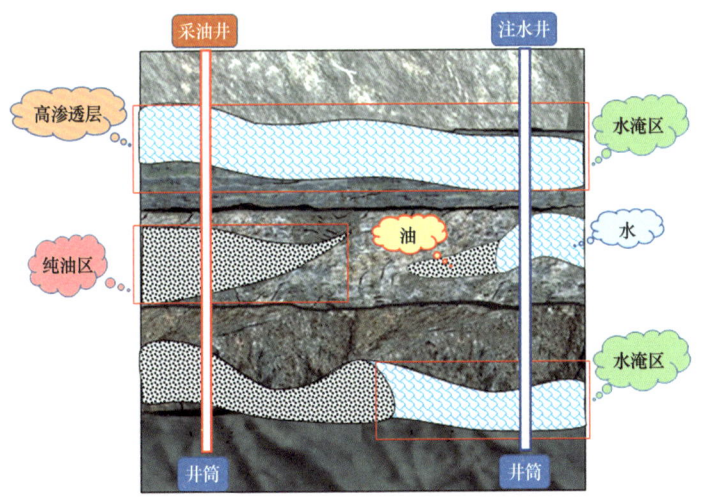

图4.9 注水开发示意图

图 4.10 注水井井口

庆油田开发中,解决了一系列陆相砂岩油田注水开发理论和技术问题,建立了早期内部分层注水的开采方法,形成了一套适合中国油田特点的注水开发技术(图 4.10)。20 世纪 60 年代中期至 70 年代,又在低渗透油田、碳酸盐岩油田上成功地实施了注水开发,并根据其他油藏类型的具体情况,采用了边缘注水、内部注水、底部注水等多种注水方式。至 20 世纪末,中国注水开发的油田产量约占全国油田总产量的 85% 以上。

开发方式的选择取决于油田地质条件、流体性质及对采油速度的要求。对于具体油田而言,选择开发方式的原则是既要充分地利用天然能量,又要有效地保持油藏能量,满足对开采速度和稳产时间的要求。因此,要认真分析天然驱动方式的类型、天然能量的强弱及可利用程度。对于天然能量不足,需要补充能量的油田,要按照油田的地质条件提出合理的补充能量方式。例如注水、注气、注蒸汽等不同的开发方式。常规油田通常采用注水开发;对不利于注水的特低渗透油田更多地采用注气的方式进行开发;稠油油田多采用注蒸汽吞吐的方式进行开发,现正逐步向蒸汽驱转变。

4.7 石油人也是"撒网"高手

油藏开发是大规模的工业化活动,往往需要很多井协作生产才能带来经济效益。既然油田开发要打很多井,到底打多少和怎么打就成为不可忽视的关键问题。在石油工业发展之初,有人认为井打得太多没有意义,也有人认为井打得越多越好。后来的油田开发实践证明两种看法都有偏颇之处。比较成熟的做法是，打井数量要看地层性质，井太少不利于产能建设，井太多不利于成本控制且易形成井间干扰，因此打井不该论多少，合适就好。互相关联的若干口井在油藏上按一定规则排列，即形成开发井网。就像捕鱼网是渔业生产不可缺少的捕捞工具，井网在石油开发过程中也是必不可少的。好的油藏工程师就像经验丰富的渔民，为了得到最多的"渔获"练就了一副撒网的好本领。

为了便于描述钻井方案，人们定义了井网密度的概念。井网密度，指在布井范围内，每平方千米上的井数，单位为"口／千米^2"，有时也可以用每口井控制的面积来表示，单位为"千米^2／井"。井网密度由井网形式(三角形或正方形井网)、井距和排距决定。井距，即油井之间的距离。排距是指在井列井网注水方式下各注采井排之间的垂直距离。一般情况下排距大于井距。

常见的注采井网包括排状内部切割注采开发井网、环状内部切割注采开发井网、边缘注采开发井网、面积注采开发井网及不规则井网（图4.11）。

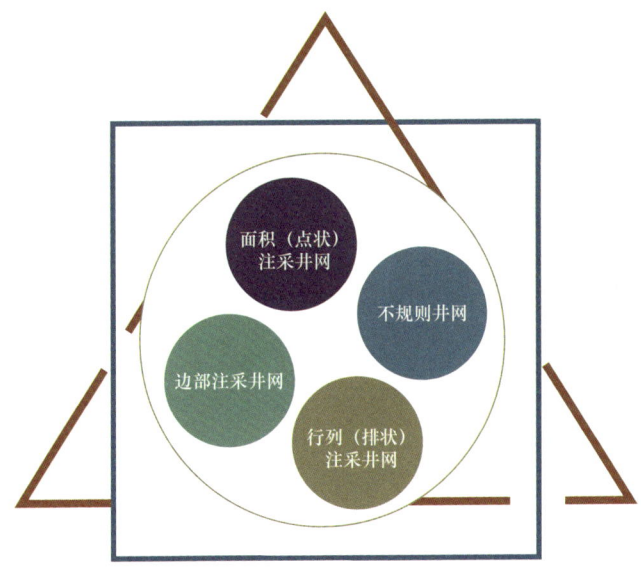

图 4.11　多样化的注采井网

排状注采井网是指所有油井都以直线井排的形式部署到油藏含油面积之上。排状井网适用于含油面积大、构造完整、渗透性和油层连通性都较好的油藏。环状井网是指所有油井都以环状形式部署到油藏含油面积之上。环状井网的井排一般与含油边界的形态保持基本一致。该井网适用于含油面积大、构造完整、渗透性和油层连通性都较好的油藏。面积井网是指油井按照一定的几何排列方式部署到整个油藏含油面积之上所形成的井网形式。面积井网适用于含油面积中等或较小、渗透性和油层连通性相对较差的油藏。

排状内部切割注水开发井网适合大型油田，通过直线注水井排把整个含油面积切割成若干个小的区域，每一个区域称作一个切割区。每一个切割区可作为一个开发单元，进行单独设计和单独开发。对于含油面积大、构造完整、渗透性和油层连通性都较好的油田，采用排状注水容易形成均匀驱替的水线，以提高驱替效率，但缺点是内部采油井排不容易受效。

如果油田形状不规则，也可以根据油层的走向部署不规则井网（图4.12）。

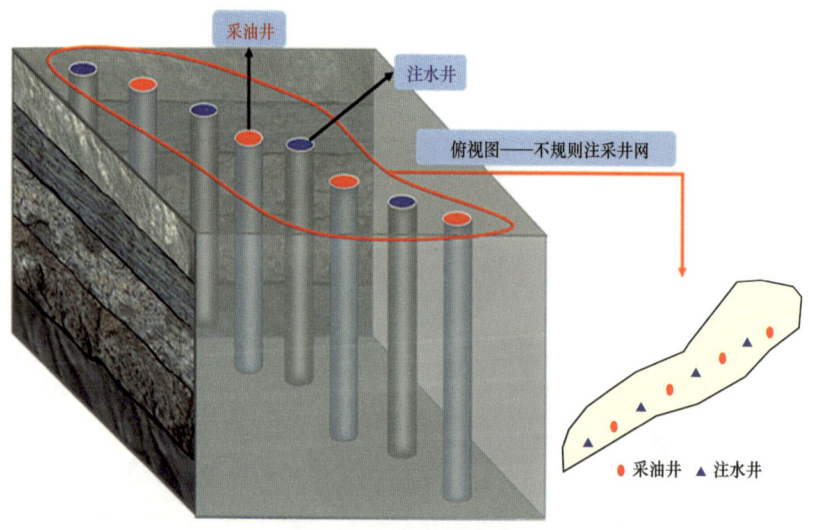

图4.12　不规则井网示意图

对于大型油田，也可以通过环状注水井排把整个含油面积切割成若干个小的环形区域，每个切割区可以进行单独设计和单独开发。对于一些复杂油藏，可以采用环状注水井排把油藏的复杂部分暂时封闭起来，先开发油藏的简单部分，待条件成熟后再开发油藏的复杂部分。

如果一个油藏的注水井排打在油藏的含油边界处，这样的井网称作边缘注水开发井网。边缘注水开发井网一般适用于含油面积中等或较小的油藏。

面积注水开发井网是指将注水井和采油井按照一定的比例和几何形状，均匀地布置到整个含油面积之上所形成的井网形式（图4.13）。对于含油面积不规则或渗透性不好或油层连通性较差的油田，为了提高油井产能、提高采油速度和注水驱替效果，都可以采用面积注水开发井网。根据注采井比例和排列方式的不同，面积注水开发井网又可以分成许多种形式：排状正对式注水开发井网、排状交错式注水开发井网、五点注水开发井网、九点注水开发井网、七点注水开发井网、四点注水开发井网、点状注水开发井网等（图4.14）。

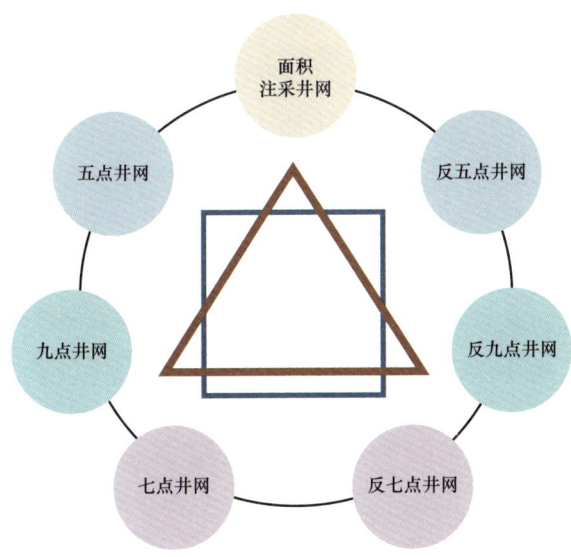

图4.13　多姿多彩的面积注采井网

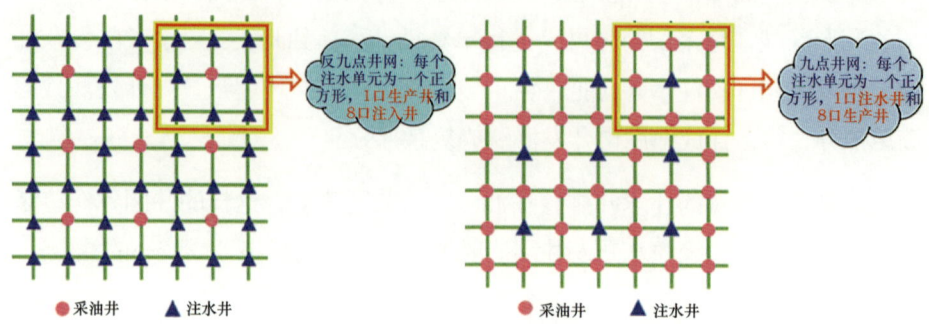

图 4.14　反九点井网与九点井网注采井布置示意图

油田开发井网部署应确定井网形式、注采井别、井网密度等内容。合理的油田开发井网应满足以下条件：（1）最大限度地适应油层分布状况，控制较多的储量。（2）所布井网在既要使主要油层受到充分的注水效果，又能达到规定的采油速度的基础上，实现较长时间的稳产。（3）所选择的布井方式具有较高的面积波及系数，实现油田合理的注采平衡。（4）选择的井网要有利于今后的调整与开发。（5）不同地区油砂体及物性不同，应分区、分块确定合理井网密度。（6）在满足上述要求下，应达到良好的经济效果。

一个开发区（油田）采用多套井网开发时，对分布稳定、渗透率高、生产能力强、具有独立开发条件的主力油层，先部署一套较稀的井网，这套井网叫基础井网。它既能开发主力油层，又能探明其他油层。由于油田开发初期产能较高，因此开发初期往往选用注采井数比较低的开发井网，如反九点注采井网。随着油田开发的不断进行，油田产能不断降低，为了提高石油产量，到了油田开发的中后期，往往把开发井网改造成高注采井数比的开发井网，如五点注采井网，即靠提高油田的产液量来提高石油产量。油田开发的技术效果和经济效果在很大程度上取决于所部署的井网，"撒网"高手审时度势，灵活调整井网部署，使油田的最终采收率和经济效益都得到有效提升。

4.8 井无压力不出油

"铁人"王进喜有句话"人无压力轻飘飘,井无压力不出油"。油藏的地层压力是开采石油的驱动力。油藏初始孔隙压力的大小通常与上覆地层厚度相关,在上覆地层压力的作用下,岩石的孔隙体积受到压缩,孔隙内的流体(油、气、水)也受到压缩,这些压缩作用在地下蓄积了弹性势能,形成对抗压实作用的弹性力。就像用力摇过的罐装啤酒,只要拉开密封拉环,罐中的啤酒和泡沫就会喷涌而出(图 4.15)。在一个封闭性的油藏上钻一口井,油藏的岩石和流体的弹性力随之被释放,流体就会喷出地面。

图 4.15 罐装啤酒因压力释放而喷出

随着石油的喷出,油藏的压力逐渐被消耗,油井的产量逐步降低,慢慢过渡到以机械抽吸方式采油。由喷油到抽油,一直到枯竭,这就是衰竭式开采(靠油田自然能量开发)的全过程。当油藏能量耗尽时,如果没有外力的作用,石油就不会再主动流出来了,这种开采方式也称为一次采油,其采收率很低。如果油藏不是一个封闭体,而是与很开阔的水体相连,油田开采过程中所消耗的压力不断地得到地层水压力的补充,油藏的压力保存比较高,油井的产油能力就会比较强,油井见水以后,油井产量开始递减直到水淹为止,这就是天然水驱开采的全过程。这种开发方式的采收率比较高,采收率的高低与水驱能力密切相关。

大庆人有一句简朴的话"压力是灵魂",这句话含有深刻的意义,在油田开发的过程中,如果我们能善于利用天然能量,又能让油藏保持比较高的地层压力,那么,油井就能保持比较旺盛的生产能力,油田就有可能获得比较高的采收率。

中国在油田开发长期生产实践中对不同类型油藏如何保持其合理的压力水平,积累了丰富的经验。

(1)对于近饱和油藏适宜于早期注水保持原始地层压力水平,流动压力可控制在低于饱和压力20%以内。

(2)对于具有一定边底水的低饱和油藏,充分利用边底水能量,注水保持地层压力在80%左右开采。

(3)对于低(特低)渗透油藏,注水时间对地层压力影响十分敏感,宜采用早期同步注水采油,保持原始地层压力。

(4)对于裂缝性油藏,因为其开发难度比较大,开发工艺也比较复杂,应即时调整。

(5)对于异常高压低饱和油藏,宜先充分利用天然能量开采,当地层压力降到正常压力时,再开始注水并保持地层压力在饱和压力以上。

人们在长期从事油田开发的过程中,根据天然水驱开采的机理,提出了人工注水补充油田能量的开采理论。这种人工注水补充油田能量的开采方式称为二次采油(图4.16)。在油藏超高压情况下,由于原始地层压力高,很

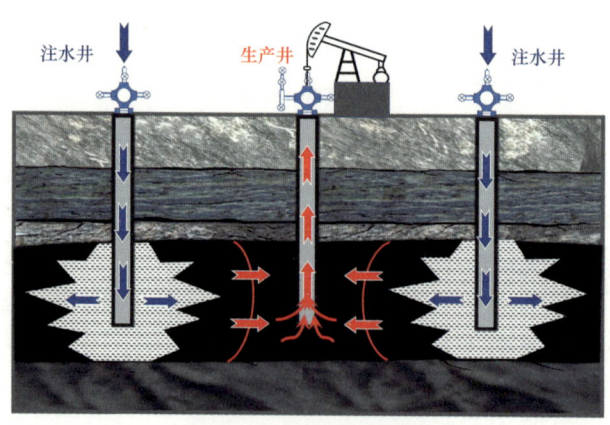

图4.16 注水采油示意图

难实现早期注水。初期，只能先充分利用天然能量开采，当地层压力降到正常压力时，再开始注水，并保持地层压力在饱和压力以上。这种做法既能减少工程投资，又可得到高的采收率。

各类油田开发情况表明，保持油藏合理的压力水平是非常重要的。采用不同的开发方式，效果会有天壤之别，归纳起来有三种开发方式：一种是油田的天然能量差，出于经济考虑或者油藏不适合人工注水，采用枯竭式开发方式，钻了井就采，通常采收率不到10%，但投资少。第二种是天然能量强，可以满足我们在加快开发速度和提高采出储量方面的要求，最好是充分利用天然能力开采，这类油田一般有比较大的天然供水区。让天然水驱来驱赶储藏中的油，经济上最合算，采收率可以高达40%～50%。第三种是人工注水或人工注气保持油层压力的开发方式，这是一种强化油层能量开采的开发方式，采用这种开发方式一定要对注水方案进行认真论证。注水措施采用得当就可以实现较长时间高速开采，通常采收率可以达到30%～40%，普通稠油也可达到20%～25%。

五 密切关注油田各项"生理指标"

到医院看病，医生会根据病人情况开各种检查单，从而根据生理指标来分析病情。如果把油田比作一个人，你知道油田的生理指标是什么吗？如何才能获取这些生理指标呢？

5.1 给油田诊脉——油田动态分析

油田动态分析和医生诊病很有相似之处。医生是给病人诊病，油藏工程师搞油田动态分析是给油田"诊脉"，为油田开发定措施、开处方，因此搞油田动态分析一定要好好向名医扁鹊学习"看病"的方法。

扁鹊是战国时期的名医，擅长医治各种疑难杂症，经验十分丰富，声望很高。他有三个兄弟，大家都精通医术，有一次魏文王问扁鹊："你们家兄弟三人，都精于医术，谁是医术最好的呢？"扁鹊答："大哥最好，二哥差些，我是三人中最差的一个。"魏文王不解地说："请你介绍得详细些。"扁鹊解释说："大哥治病，是在病情发作之前，那时候病人自己还不觉得有病，但大哥就下药铲除了病根，使他的医术难以被人认可，所以没有名气，只是在我们家中被推崇备至。我二哥治病，是在病初起之时，症状尚不十分明显，病人也没有觉得痛苦，二哥就能药到病除，使乡里人都认为二哥只是治小病很灵。我治病，都是在病情十分严重之时，病人痛苦万分，病人家属心急如焚。此时，他们看到我在经脉上穿刺，用针放血，或在患处敷以毒药以毒攻毒，或动大手术直指病灶，使重病病人病情得到缓解或很快治愈，所以我名闻天下。"

> **小贴士**
>
> 魏文王问扁鹊曰："子昆弟三人其孰最善为医？"扁鹊曰："长兄最善，中兄次之，扁鹊最为下。"魏文侯曰："可得闻邪？"扁鹊曰："长兄于病视神，未有形而除之，故名不出于家。中兄治病，其在毫毛，故名不出于闾。若扁鹊者，镵血脉，投毒药，副肌肤，闲而名出闻于诸侯。"
>
> （出自《鹖冠子·卷下·世贤第十六》）

给油田"诊脉"比给病人诊病复杂得多，要把扁鹊三兄弟的本领都学到手才能应付。扁鹊的大哥擅长预防，不等病情发作就及时采取正确措施将致病因素清除，学习这种做法可以充分发挥油田动态分析的预测、预防作用。扁鹊的二哥擅长灵活处置初起病症，发现一个问题就解决一个问题，不把小问题拖成大问题，学习这种做法可以总揽全局，使油田动态分析的监测和及时调整互相协同，从而延长油田正常开发的时间。扁鹊本身则擅长解决严重问题，妙手回春，起死回生，学习这种做法可以在油田开发关键转折节点果断决策，实现油田开发的有效调整，延长油田开发寿命。

比如一个注水油田，一口井见到了水，这是一个现象，我们的油藏工程师要冷静分析见水原因，不能冲动盲动。如果直接把注水井的水降下来，整个油藏的压力和产量可能也会随之下降。如果对油井着急实施堵水措施，水虽然是堵住了，但油也堵没了。这时，油藏工程师可以模仿扁鹊大哥的思路，先分析原因，首先用流量计和找水仪对这口井进行测量，了解到这口井出水的层位是一个主力生产层，其他还有哪几个层没有出水，再翻阅这口见水油井和周围几口注水井历年来的生产历史，发现水来自某一口注水井方向。这样，来水的层位和来水的方向都清楚了，于是，油田工程师提出对来水方向的注水井进行调整吸水剖面，对与出水的油井连通好的出水层位注入堵水剂，适当控制注水，对其他的层位适当加强注水，另外对周围其他的几口注水井也加强注水，调整该油井平面上和纵向上的液流方向。这样做，对这口见水的油井没有动太大的措施，但这口油井含水率明显下降，压力平稳，油井产油量还明显上升。

因此，我们的油藏工程师遇到问题时先取得大量的第一手资料，在分析这些资料时又能够认真地做到"去粗取精、去伪存真、由表及里、由此及彼"，通过分析油藏在开发过程中的各种变化，把多种现象有机联系起来，揭示出油藏内部流体的全面运动规律，"及时处置、找对原因、对症下药、辨证施治"，提出切合实际、行之有效的措施。

5.2　动态测取油田"生理指标"

石油是"工业的血液"，具有商品性、金融性、战略性三大属性，属于"贵重物品"。能源、化工行业作为现代社会的重要支柱，都指望着石油来提供原料资源，因此石油生产在社会经济活动中的重要性很高，油田开发可算得上是集"万千宠爱"于一身。既然油田这么重要,人们自然不希望它的"生命"出现问题,于是给予它最高级别的监护。这听起来好像是ICU待遇。没错,就是像医院里的ICU一样,人们希望时刻关注油田的状态,一直保持它的健康。

诊断好、调整好一个油田,必须拥有油田各个时期大量第一手动态资料,这与医生给病人诊病询问病情、了解他的病史是同一个道理。类似医院采用心电图、呼吸、脉搏、肺动脉压、中心静脉压等生理指标,石油工程师们也长期监测油田的动态"生理指标"。通常油田开发动态监测的主要内容包括压力和温度监测、油气水产量监测、注入量和分层流量监测、水驱油状况和剩余油分布监测、流体性质和流体界面监测、储层性质变化监测、地应力和天然裂缝分布监测、油水井井下技术状况监测等(图5.1)。

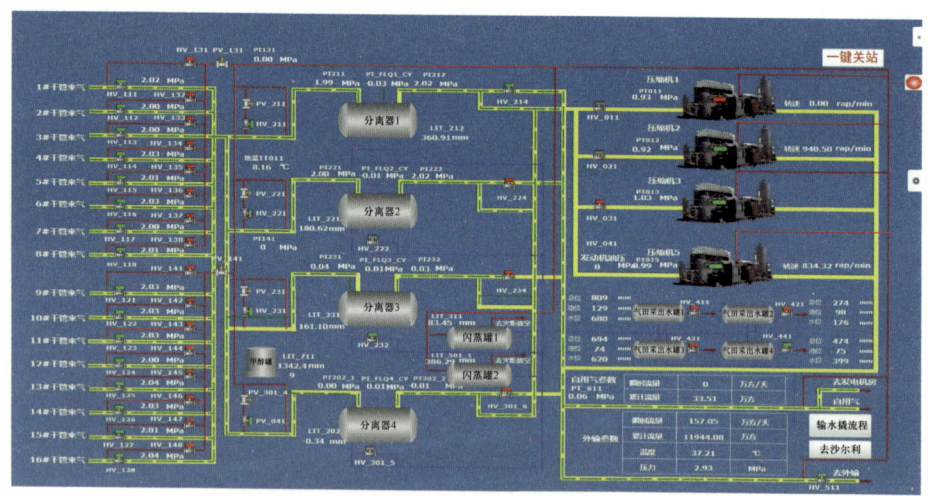

图 5.1 油田开发动态监测

压力监测包括静压和流压的监测。静压监测首先要测得油藏的原始压力,以确定油藏的压力系统。油田投入开发以后,要选择一定数量的井,定期测量其油藏压力变化及压力恢复曲线。对于发生重大生产变化的井、实行重大工艺技术措施的井,均应测压力恢复。流压监测总的要求是每口井均需定期测定流压,并与静压测定相匹配。此外,在井的工作制度改变时,对井实行重大工艺技术措施前后，井的生产发生重大变化时，均需测定流压，以分析工作制度的合理性、评价工艺技术措施的效果、寻找生产发生重大变化的原因。

温度监测是一项具有重要意义的工作，温度数据影响油藏流体的物理性质甚至相态特征。注水开发油田随着注水时间的延长，油层温度将发生变化，从而影响开发效果。

油气水全井产量和注入量监测是油田生产管理中一项日常的、十分重要的工作。此外，就是分层流量监测。分层流量监测主要是指注水井吸水剖面和采油井产出剖面监测，测得注水井分层吸水量和采油井分层产液量、产水量。一般要求每年选取部分注水井测吸水剖面，每口井每两年录取一次分层吸水剖面资料，特殊井可加密录取。

对采油井测产出剖面，是在正常生产的条件下，采用测井仪器测量小层或层段的产出量。在测量分层产出量的同时，根据产出流体是否为多相的情况，还要测量含水率及压力、温度等有关资料。对于自喷井，要求每两年测一次产出剖面；对于机械采油井，要求装偏心井口进行环空分层测试；对于大排量有杆泵井和电泵井，根据动态分析和分层措施（如压裂、堵水等）的需要，可起管柱或换管柱进行产出剖面测试，也可用井温法或气举法进行测井，使措施更具有针对性以获得良好的开发效果。产出剖面测井已逐渐由单参数发展为多参数组合测井，不断采用新的工艺技术以适应高压、大排量、高含水及各种特殊测井条件的要求，为了解油层的储量动用和水淹情况，为油田的调整挖潜提供丰富的资料。

流体界面监测对石油正常生产非常重要。对于存在底水的油藏，要搞好油水界面纵向上的变化监测工作，防止出现水锥而影响开发效果。监测的方法有两种，一是对不同时间钻的新井进行测井分析，对比油水界面的变化；二是钻观察井下套管，用中子—伽马测井或碳氧比能谱测井等手段定期录取资料，观察油水界面的变化。

流体性质监测、地应力场和天然裂缝分布监测、油水井井下技术状况监测等也是油田开发中非常重要的工作。人们采用各种先进技术不断强化对油田的了解，确保整个油田在生命周期内健康运行。

油田动态监测系统需要记录大量数据，每口油、水井必须经常地记录产油量、产气量、产水量、注水量的变化；记录油压、套压和定期测定井底流压的变化；选出监测井定期测定地层压力、产液剖面、吸水剖面等。不同类型和性质的油藏其监测重点不尽相同，有些监测可以在长期布置的检查井和观察井中进行。作为一个油田开发人员应该有一个明确的思想，每口井的油藏动态数据的作用并不次于它提供油、气产量的重要性。

油田有大量的静态和动态的监测资料，过去没有计算机的时候只能靠人工来记录，建立井史档案，手工绘制生产曲线，既费时又费力。20世纪90年代以后，随着信息化的发展，数据的自动采集和处理得到普遍应用，大量的监测资料逐步汇集成三种类型的数据库：一是油田的静态数据库；二是油田的动态数据库；三是油田的知识库。以数据库技术分析监测资料，借鉴多种油藏类型，多种开发方式的经验、教训、规律和结论，可以加深人们对油藏的认识，使油田动态监测的数据发挥更大的作用。

5.3 测井为生产层体检

什么是生产测井？为什么要做生产测井呢？生产测井有点像我们日常的常规体检，主要目的也是检查石油生产关键环节的健康状况。生产测井是在开发井中进行的，生产过程中将各种测试仪器送入开发井中进行井下测试，获取地下信息，又称开发测井。生产测井是油田开发动态监测技术的重要组成部分，一般包括生产剖面测井、注入剖面测井、工程测井、产层参数测井四个方面内容（图5.2）。

生产剖面测井是为了了解在生产过程中生产井每个小层或层段的产油、产水及压力变化等情况所进行的测井。根据生产井不同的生产方式，生产剖面测井又分为自喷井生产剖面测井和抽油机井生产剖面测井两种。

注入剖面测井主要测量注入井各个层或层段的流体的注入量。根据注入井所注入的流体不同，又可分为注水剖面测井、注汽剖面测井和注聚合物剖面测井。

工程测井是以检查固井质量、射孔质量和套管质量为主要内容的测井技术。其主要内容包括管柱深度、套管损坏（变形、破裂、错断和漏失）、井径变化、

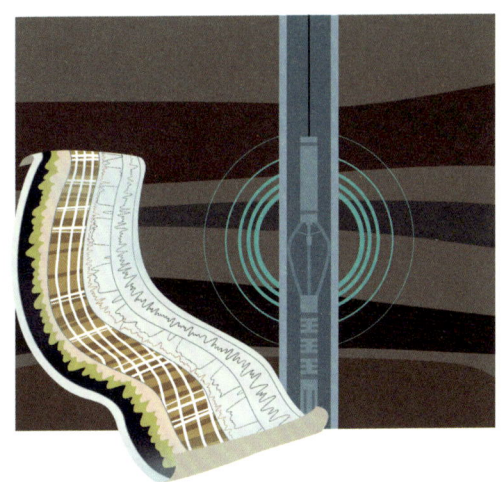

图 5.2 体检与生产测井对比示意图

套管腐蚀及补贴效果、射孔质量、固井质量、管外窜槽位置、压裂酸化及封堵效果、出砂层位检测等。工程测井的主要方法包括井径法、井温法、超声波电视法、磁测井法、测斜仪法、噪声法、声波变密度法等。

产层参数测井是在油田开发过程中，获取储层孔隙度、渗透率、含油（水）饱和度和压力等参数变化的测井方法。其主要方法包括 C/O 能谱法、中子寿命法、电缆式地层测试法。

通过生产剖面测井、注入剖面测井、工程测井、产层参数测井四个方面的检测，人们可以充分了解石油开发关键环节的动态变化状况。人们根据所了解的生产测井信息，制订开发决策，使石油生产得以顺利进行。

5.4 试井搞清井下压力状况

油田开发试井的目的是了解地下油藏的开发潜力和适合的开发进度。所谓试井，就是一种通过测量井下压力、温度和井口产量，研究油、气、水井特性和油、气、水层参数，从而从动态角度对储层的结构和油、气井的特征

加以描述，并判断油藏的原始储量、采出程度和开发潜力的方法（图 5.3）。试井是在长期油田开发经验积累基础上发展完善的，一些对油井产能的准确预判避免了投资风险，从而使试井逐渐成为人们制订油田开发计划不可缺少的依据。

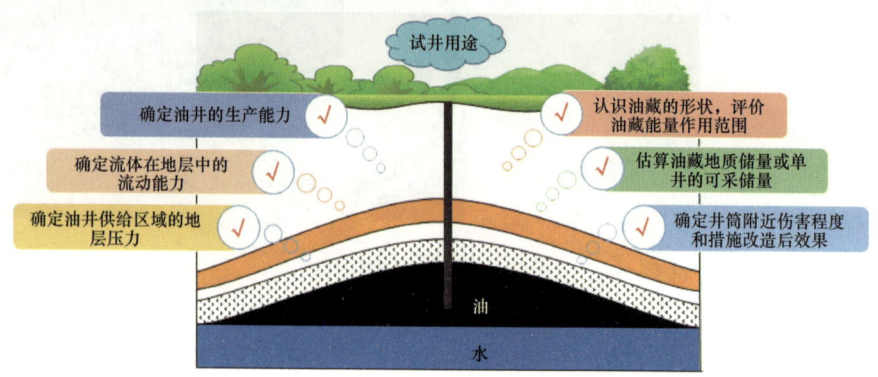

图 5.3　试井的用途

早期的试井通常是稳定试井，是压力、产量等条件达到或基本达到稳定时的试井分析。稳定试井的方法是记录不同工作状态油井产量、压力逐渐趋于稳定时的产量和对应的井底压力，得到一个个稳定的测试点。油井的不同工作状态可以通过改变井的工作制度来实现，对气井或自喷油井来说，改变控制流量的油嘴；对有杆泵采油井来说，改变泵的冲程、冲数，产出量随之改变，此时井底流动压力也相应变化。当记录了三个以上产能测试点后，即可分析这口测试井生产压差与产量之间的关系。对于油井，这种测试常常被称为"系统试井"；对于气井，这种测试常常被称为"回压试井"。通过油井的系统试井，可以得到它的实际生产能力，所以稳定试井也称为产能试井（图 5.4）。

早在 20 世纪 20 年代，美国已研制生产了测量井内最高压力的弹簧管压力计以及浮筒式和回声式液面监测仪，测得的数据用来研究井底压力和产能。美国东得克萨斯特大型油田的开发，已广泛应用了井下测量的压力，用于研究和规划油田生产。

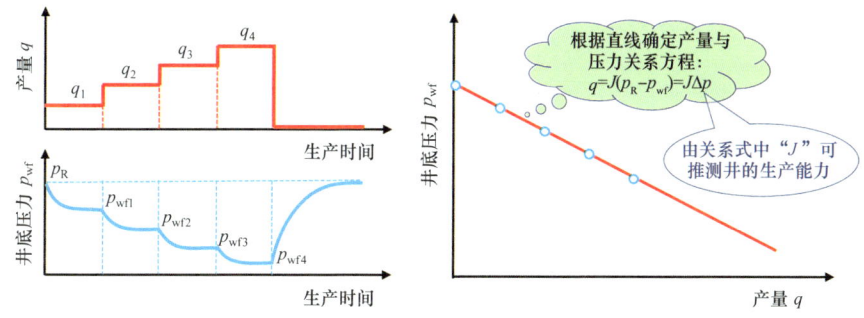

图 5.4 产能试井示意图

用试井方法研究油藏特征，在中国石油工业发展历程中发挥了不可缺少的重要作用。在东部地区各大油田的勘探开发中，试井为油田研究提供了各项重要的地层特征参数。在对中西部地区大中型气田的勘探开发研究中，对于气井的产气能力、储层内部结构、平面非均质分布、岩性边界分布特征和单井控制动储量等方面参数的确认，以及完井质量评价等有关储层描述各个方面，试井也发挥了重大作用。

小贴士

20世纪60年代初，老一代的试井专家、中国科学院学部委员（院士）童宪章带领一个工作组，亲临油田现场，用国外发明不久的压力恢复试井分析半对数直线法——"赫诺法"，分析早期勘探井的测压资料，准确计算了储层的原始压力、地层有效渗透率、完井表皮系数等参数，并进而与大庆油田的技术人员一起，发展了适合中国情况的"松辽法"，用来推算油田开发后的地层压力，开辟了中国油田试井研究的先河。

试井最早用于油田分析的内容是通过测量井底关井压力来了解油藏的压力，再应用"物质平衡方法"计算油藏的原始储量和采出程度（图5.5）。但是静止压力的取得受限于储层的渗透性，对于渗透性较低的储层，往往需花费较长的关井时间才能得到地层静压。为了在有限时间内取得准确的地层静压，麦斯凯特（Muskat）、米勒（Miller）、戴斯（Dyes）、哈钦森（Hutchinson）和赫诺（Horner）等发展了不稳定试井测试和分析方法，不但可以用来确定地层压力，还可以用来计算储层的渗透率、完井后的表皮系数等参数。

在生产实际中，可以采用不同的工作方式进行不稳定试井，这些工作

图 5.5 生产井测试现场

方式对应不同的不稳定试井类型，其中常见的有压力恢复试井分析、压降试井分析、注入压降试井分析、钻井中途测试、干扰试井分析、脉冲试井分析、变流量试井分析、探边试井分析、冲击试井和段塞测试等。压力恢复试井是在稳定生产的条件下，关闭生产井测量并绘制出井底压力随时间的恢复曲线。利用它的直线段斜率可以推算出生产层的水动力学参数（如渗透率）、地层压力和井的完善系数。压降试井是生产井在关井后达到相对稳定状态后重新开井生产，测量并绘制出井底压力随时间的降落曲线。干扰试井是测量同一油藏内，改变一口井的工作状况后，其邻近井的不稳定的压力变化。工作状况改变了的井称为"激动井"，后一种井称"反映井"。在反映井中测出压力变化曲线，结合两口井过去的生产记录，可以测定井间的地质状况和水动力学参数（图 5.6）。这是一种多井的不稳定试井法，可用以解决较复杂的油藏工程问题。脉冲试井是干扰试井法的新发展。在激动井（脉冲井）中周期地开井和关井，形成脉冲讯号，在反映井中用高灵敏度仪表测出脉冲式的压力变化曲线。通过分析，可在较短的时间内获得与其他不稳定试井法相同的结果。

各种不稳定试井方法的根本点都是测量压力随时间的变化而后加以分析，改变井的产量也能达到同样的目的，这样的试井方法称为多产率试井。优点是不用关井，产量损失较小；缺点是压力变化的量极小，因而要用灵敏度极高的压力计。

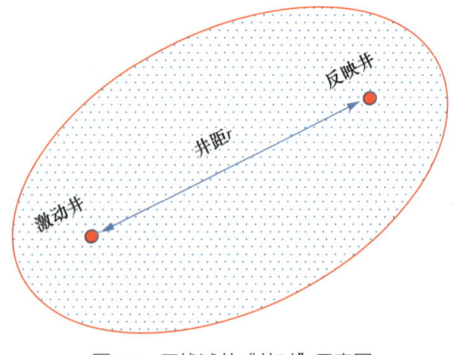

图 5.6 干扰试井"井对"示意图

为了更好地发挥试井的作用，人们对试井分析进行不断优化，形成了现代试井体系。一般认为现代试井分析方法的发展始于 20 世纪 70 年代，其主要特征是以图版法为中心的"图版拟合分析方法"（图 5.7）。

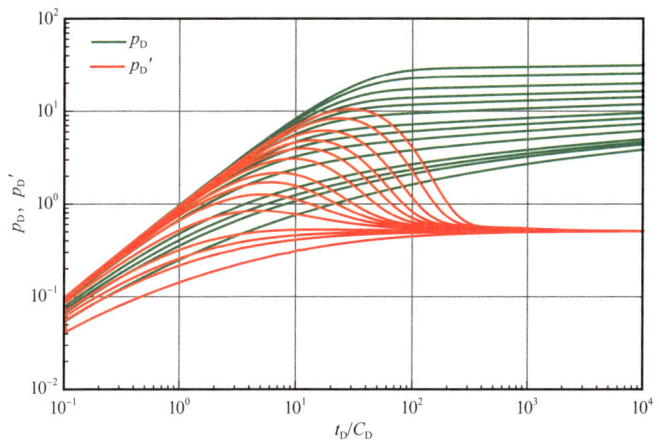

图 5.7 均质地层试井解释图版示意图

现代试井技术的发展依赖于现代电子技术和计算机技术的进步，多种类型的高精度电子压力计和功能强大的试井解释软件是现代试井技术的根基所在。因此，现代试井技术具有三个显著特征。一是使用高精度电子压力计连续录取井下压力、温度数据，并作为资料分析的依据；二是以渗流力学理论为基础、以图版拟合分析方法为中心的一整套依据不稳定试井资料的储层模型分析方法；三是以试井解释软件为依托的资料分析手段。

现代试井技术精准分析储层特征，实现了对石油储层的动态描述。依据这些储层参数，可以解决油田开发的 4 类关键问题。

首先可以确定油井的产能特征。用稳定试井分析方法确定油井的指示曲线和采油指数，用回压试井分析及等时试井、修正等时试井方法确定气井的流入动态曲线及气井绝对无阻流量。

现代试井还可以确定油井供给区域的地层参数。地层参数常通过不稳定试井方法分析而来，如用压力恢复曲线推算地层压力，用压力恢复曲线或压降曲线计算地层有效渗透率及地层产能系数，用压力恢复曲线或压降曲线计算地层的弹性储能比和窜流系数，用干扰或脉冲试井曲线计算井间平均的流动系数、储能参数和导压系数，用探边试井分析测算井附近地层的边界距离及特性等。

利用现代试井技术也可以确认油井完井质量及措施改造后的效果。用压力恢复试井分析或压降试井分析可以推算油井完井的表皮系数；用压力恢复试井分析或压降试井分析可以推算压裂井裂缝生成情况及压裂支撑裂缝半长、裂缝导流能力、裂缝表皮系数等特性参数；分析气井附近的湍流影响，推算非达西流系数，确定湍流引起的拟表皮系数。

测算油井控制动储量及核实油藏的动储量也是现代试井技术功能之一。在运用动态方法提供储层特征的同时，还实现了对油藏的动态描述。

自从"现代试井"这一名称被提出来并获得认可以后，其所包含的内容不断充实更新：所能分析的储层类型和参数种类不断增加，仅图版类型已达到数千种；从解析解模型分析方法，逐渐发展出数值试井分析方法；试井分析理论也在不断地充实新的内容。进入21世纪，现代试井分析方法中吸取了数值模拟描述储层的内容，又发展了数值试井分析方法。由于现代试井方法依据的压力历史拟合资料来源于高精度压力计录取的连续的井底压力，使其对于储层平面非均质分布及边界分布的认识比传统试井方法对储层的描述更逼真、更全面；比数值模拟方法依据更扎实，得到的结果与生产实际结合更紧密。因此，现代试井方法与地震方法、测井方法一起，逐渐成为储层描述的三大支柱技术。

5.5 油藏动态拟合

20世纪60年代以前，物理模拟是研究地下油藏中流体运动规律的主要模拟方法之一。物理模型可以分为相似模型和单元模型两种。相似模型是根据相似原理（几何相似、运动相似、动力相似），把自然界中的原型按比例缩小，制成物理模型，然后使原型中的物理过程按一定的相似关系在模型中展现。从理论上讲,以相似模型模拟后所得出结论应该与原型的规律相似,将模型的尺度还原到实际尺度后,可直接用于原型。但实际上,要在实验室严格满足所有的相似条件比较困难,这使相似模型的应用受到一定限制。许多情况下,人们不得不退而求其次,采用单元模型进行机理模拟。

单元模型常以真实的(有时也可以是模拟的)油藏岩石和流体模拟油藏开发的局部细节,从中探寻理论机理、操作参数等信息。由于实验条件通常不按相似关系设定,其结果往往不能直接定量推广。

由于实际油田的渗流问题十分复杂,如果考虑各种非均质因素的多维多相多井等问题,要用物理模型进行完全严格的模拟是不可能的,而且物理模拟往往要花费大量的人力、物力,试验周期比较长,测量技术方面存在不少困难,所以,现在很少用大型的物理模型来模拟复杂的地质条件的问题。人们做油藏物理模拟更多倾向于用单元模拟的方法进行理论研究。

计算机技术的发展给油藏模拟带来了新方向。人们发现,之前就某些规律所做的各种独立的计算完全可以通过它们之间的关联结合在一起,并且可以根据初始条件的变化形成全局数据联动,这样就形成了许多的油藏数学模拟方法。准确地说,数学模拟就是通过求解某一物理过程的数学方程式(组)来研究其物理变化规律的方法,其中的数学方程式(组)可称为描述该物理过程的数学模型。人们期待数学模型的运算结果就是现实中物理过程的真实结果。但是如果对次要因素的影响考虑不周或者初始条件与现实不一致,数学模型就可能与物理过程并不吻合,这样就很难得到正确的结果了。所以数学模型建立之后仍然需要一些物理模拟或现实数据对其加以验证和训练,使其与物理过程更贴合,结果更可靠。

数学模型的求解方法有解析方法和数值方法两种方法。用解析方法求解数学模型的解是精确解,它可直接揭示各种物理量之间的数学函数关系,其结果对应相对明确的物理概念,这是解析方法的长处。但是,如果数学模型比较复杂,涉及的函数关系很可能无法得到解析解,为了弥补解析法的这一缺陷,人们想到了数值解的折中办法。数值法求解虽然略显繁琐,但不必推导公式,也不必理清数学关系与原理,比较显著的缺点是需要进行大量的计

图 5.8 数值模拟

算,这些繁复计算刚好可以由计算机代劳。所以,在计算机技术高速发展的时代,数值法的数学模拟发展得极为迅速,且取得了巨大成功(图 5.8)。

数值模拟可以理解为用计算机来做实验。利用油藏数值模拟来处理复杂的油藏工程问题更快、更方便。一个油藏,在现实中只能开发一次。但应用油藏数值模拟,则能够很容易地重复计算不同开发方式的开发过程,便于从中选出最好的开发方法。因此,对油藏工程师而言,数值模拟给动态分析提供了一种快速、精确的综合性方法;对管理者而言,数值模拟提供了不同开采计划的比较结果。

大型快速电子计算机的迅速发展,大大地促进了数值模拟方法的应用与进步。20 世纪 60 年代初期,多维多相的黑油模拟软件在油田得到初步应用;20 世纪 70 年代初期,组分、混相和热力采油模拟软件也相继进入油田应用;20 世纪 70 年代末期,各种化学驱油三次采油模拟软件在油田三次采油中得到应用。进入 21 世纪,计算机技术的突破进一步促进了油藏数值模拟技术的发展。向量算法、预处理共轭梯度算法等新技术极大提升了油藏数值模拟技术的效率和价值;自适应隐式算法、并行算法、一体化多功能平台等新功能也提升了数值模拟的用户体验。

随着计算机技术的进步,油藏数值模拟的效率大大提升,能处理的问题也更加复杂,所得结果的精度也大幅提升,目前已经成为最广泛应用的油藏动态分析手段,其描述结果常常作为油田开发决策的重要依据。但是,由于庞大的油藏涉及的影响因素非常多,而且油藏的均质性通常并不太好,某一

五 密切关注油田各项"生理指标"

样品测得的实验数据不一定能够代表油藏的整体特征,所以即使人们所用的公式是由精确的数学推导而来,也不能保证计算结果完全贴合整个油藏的实际。为了使描述油藏的数学模型更符合油藏的实际,需要对照油藏实际表现对数学模型的某些不确定性的参数进行适当的调整,这个过程就是油藏数值模拟的动态历史拟合。

油藏数值模拟动态拟合使模拟计算的结果与实际测量值达到一定程度的一致性,从而提高模拟预测结果的可靠性(图 5.9)。实践表明,油藏动态拟合的作用已远远超过了对于预测结果准确性的控制,而成为一种有效的油藏描述技术方法,即动态反演。所以,油藏动态拟合不仅可以验证地质模型的可靠性,也可以通过对油藏地质模型的调整完善,加深对油藏的认识。

HiSim 油藏数值模拟软件视频

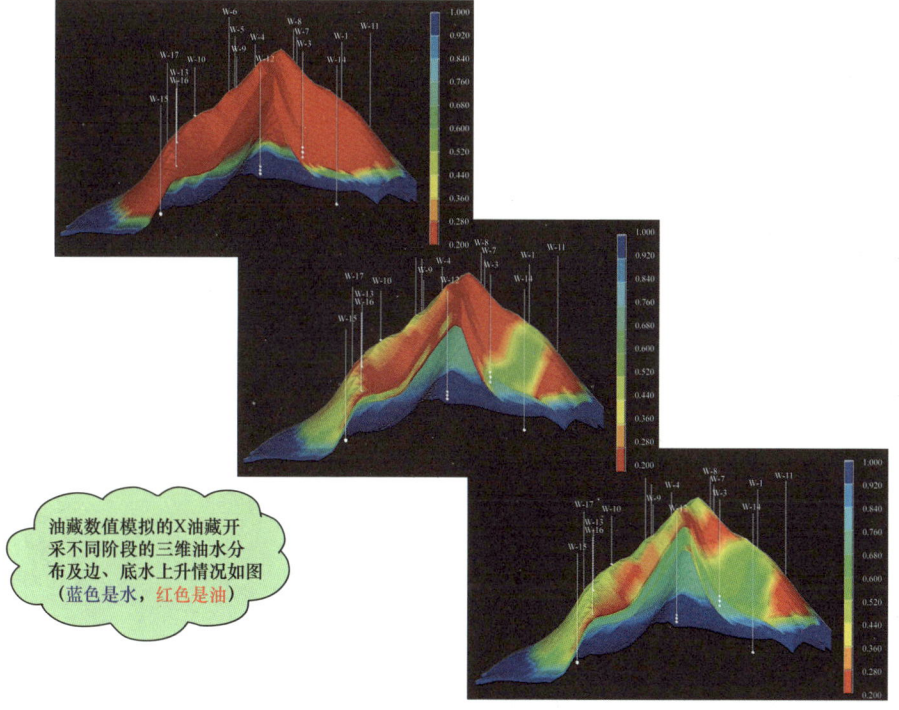

油藏数值模拟的X油藏开采不同阶段的三维油水分布及边、底水上升情况如图(蓝色是水,红色是油)

图 5.9 油藏模拟的 X 油藏不同开发阶段的油水分布及边底水推进情况

六　"对症下药"搞好开发调整

对症下药是重要的医病原则,这个原则也适用于油田开发调整,随着石油资源的不断开采,油藏的状态必然会发生一系列变化。如果不能针对这些变化及时间调整开发策略,必然会影响石油开发的最终效果,因此油田开发调整十分重要。

6.1 石油产量递减有规律

油田开发往往是一个长期性的过程,在漫长的开采周期中,油田的开发状况并不是一成不变的,往往呈现出阶段性的动态变化(图6.1)。就如同一个人的一生,从幼儿、少年、青年、中年到老年。油田产量变化的一般规律是在油田开发初期要经历一个逐步建设投产和形成生产规模的时期。在这一时期中,油田的产量逐步上升并趋于稳定,达到设计的生产能力。因此,这一时期是油田生产的产量上升时期或产量上升阶段。此后,油井的生产往往都按配产指标进行,加上注水及其他增产、稳产措施,油田生产就进入一个产量相对稳定的生产阶段。再后来,由于地下剩余储量的不断减少及单位采油、采气量能耗的增加或采油、采气工艺技术和增产措施达到经济极限,油田将进入后期的石油产量递减阶段。

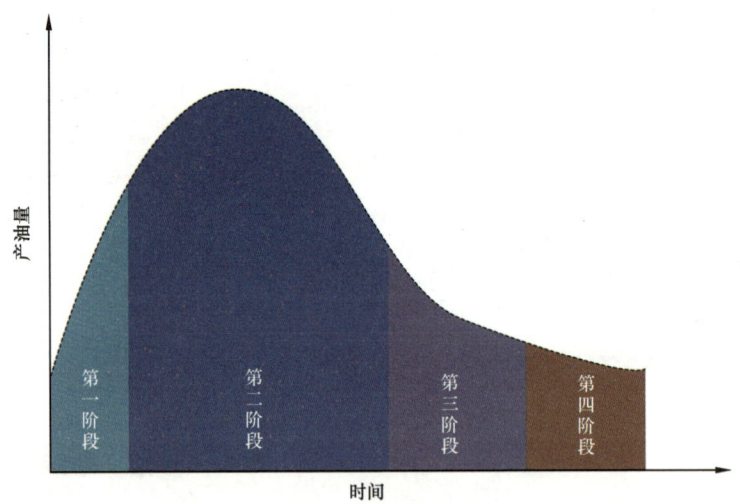

图6.1 产量划分阶段图

在油田生产管理中,表示石油产量递减状况的指标有自然递减率、综合递减率和总递减率。自然递减率是指扣除多种增产措施增加的产量后,老井单位时间内石油产量的自然变化率或自然下降率。其计算方法是以油田或油井阶段末产量(扣除新井投产及老井各种增产措施所增加的产量)与阶段初产量之差除以阶段初产量，它反映油田或油井产量自然递减的状况。综合递减率是指老井单位时间内石油产量的变化率或下降率。综合递减率只考虑老井及其各种增产措施情况下的产量综合递减。其计算方法是以油田或油井阶段末产量（扣除新井投产所增加的产量）与阶段初产量之差除以阶段初产量。它反映油田老井及其各种增产措施情况下的实际产量综合递减的状况。总递减率是指单位时间内油田或油井石油产量的总变化率或总下降率。总递减率既考虑新井投产及老井各种增产措施所增加的产量，又考虑老井产量的递减，因此称为总递减率。其计算方法为油田或油井阶段末产量与阶段初产量之差除以阶段初产量。它反映油田新、老井及其各种增产措施情况下的实际产量总递减的状况。

实践表明，石油产量递减遵循一定规律，可能的规律包括指数递减规律、调和递减规律和双曲线递减规律。所以石油产量递减可以用适合的规律来进行预测（图6.2）。

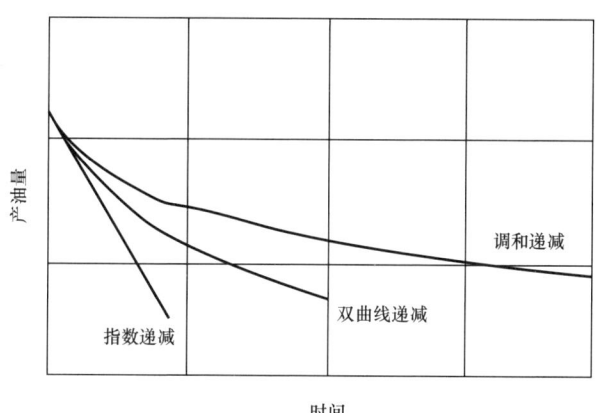

图 6.2　石油开发产量递减规律示意图

指数递减是指油田或油井的石油产量按指数函数递减规律下降。表示油田或油井在产量下降阶段，单位时间内的产量变化率等于一个常量。

调和递减是指油田或油井的石油产量按调和函数递减规律下降的情况。其产量递减率不是一个常量，而是随产量的下降而减小。

双曲线递减是指油田或油井的石油产量按双曲线函数递减规律下降。双曲线递减表示油田或油井在产量下降阶段，其产量随时间的变化符合双曲线函数关系，其递减率也不是一个常量，而是随产量的下降而减小，但比调和递减大，比指数递减小，介于两者之间。

双曲线递减是最具普遍意义的递减类型。指数递减和调和递减是当递减指数 $n=0$ 和 $n=1$ 时的两个特定的递减类型。指数递减类型产量递减最快；双曲线递减类型产量递减次之；调和递减类型产量递减最慢。在递减阶段的初期，三种递减类型比较接近，因而常用比较简单的指数递减类型研究实际问题。在递减阶段的中期，一般符合双曲线递减类型，而在递减阶段的后期，一般符合调和递减类型。也有研究表明，大多数油田或油井具有 $n=0.5$ 的双曲线递减类型。油田或油井的递减类型，不是一成不变的，它会受到自然因素与人为因素的影响，而引起递减类型的转化。因此，油藏工程师应当根据递减阶段的实际资料，对递减类型作出可靠判断，以便有效地预测未来产量和可采储量。

6.2 开发方式要调整

当提起拘泥成规而不知变通的情景，人们总会想到刻舟求剑的典故，其实在同一出处还有另一则典故，叫作表水涉澭。它们都是批判死守教条的呆板作风，告诫人们在做事时要审时度势、随机应变。对于从事油田开发的人们来说，避免墨守成规，及时调整油田生产状态尤为重要。这是因为，早期根据较少信息设计的开发方案，多少都有一些不适应油藏实际情况的地方，随着油田的开发，井数增多，资料增多，对油藏的认识必然会更深入，新的问题也会不断出现。为了提高油藏的开发效果，需要根据油田开发中出现的新问题对原设计方案进行适当的调整。按照新的地质认识和当前的经济技术条件，重新编制一套开发方案，称为调整方案。

油田开发调整可分为经常性开发调整和阶段性开发调整两类。

> **小贴士**
>
> 表水涉澭：荆人欲袭宋，使人先表澭水。澭水暴益，荆人弗知，循表而夜涉，溺死者千有余人，军惊而坏都舍。向其先表之时，可导也，今水已变而益多矣，荆人尚犹循表而导之，此其所以败也。
>
> （出自《吕氏春秋·察今》）

经常性开发调整主要是一些小的调整，如工作制度的调整、液流方向的调整、射孔层位的调整、注水压力的调整、开采剩余油的局部井点加密等提高采收率方法的实施等。这些小的开发调整随时都可以进行，但往往以生产年度为周期进行统筹安排，这种年度统筹调整又称为年度油田综合调整。每年在获得大量新的开发动态资料的基础上，根据不同的开发阶段和潜力分析，以及完成石油生产计划和改善开发效果的需要，编制并实施年度油田开发综合调整方案。

阶段性开发调整主要是一些大的开发调整，一般都有3~5年以上的时间间隔，如开发层系的调整、开发方式的调整、开发井网的调整等。阶段性开发调整是系统的调整，调整方案可以整体部署，分步（或分年）实施，并要和经常性开发调整紧密结合。

开发层系的调整，一般是在新的地质认识基础上进行层系的细化。原开发层系在经过一定时间的生产之后，暴露出了许多层间矛盾。高渗透层被严重水淹之后，低渗透层中的石油却尚未动用或动用程度较低而成为剩余油。此时，为提高石油的采出程度，应将开发层系进一步细化。层系调整一般坚持"先粗后细"的原则。

开发井网的调整，一般是在新的地质认识基础上进行井网的加密和注采井网系统的调整。原开发井网在经过一定时间的生产之后，表现出了一定的不适应性。此时，为提高石油的采出程度，应将开发井网进一步加密。为了提高油田产量，一般从高注采井数比的井网向低注采井数比的井网调整。井网调整一般坚持"先稀后密"的原则。

开发方式的调整，一般是在新的地质认识基础上从衰竭式开采向注水（气）开发的调整，或从注水开发向三次采油的调整，一般是从低驱替效率的驱替方式向高驱替效率的驱替方式调整。

油田开发的过程是一个不断认识和不断改造的过程，对油田的不断认识是油田改造的基础，也是油田开发调整的依据。无论采用何种驱动方式、层系、井网及采油方式投入开发的油田，为了达到延长稳产期、改善开发效果和提高采收率的目的，都需要选择适当的时机进行必要的开发调整工作。在稳产阶段的调整必须达到延长稳产期的目的，并有利于提高采收率。而递减阶段的调整则以提高采收率为主要目的，并要尽可能减缓产量的递减幅度。所有的调整都要立足于油田开发实际，避免"表水涉滩"式的盲目行动。

6.3 接替稳产延寿命

许多人都有过养鱼的经验，如果图省事儿，把整包的鱼食一股脑儿都撒进鱼缸，让鱼自己想怎么吃就怎么吃，那么鱼多半活不长久（图6.3）。油田的开发也是如此，如果遍地打井胡乱开采，油田的寿命将会大大缩短。大庆油田开发的最初阶段就曾遇到类似的困境，当时采用笼统注水方式进行开发，在采收率还不到5%的情况下，储层水淹却超过了一半，教训非常深刻。

油田开发过程中，随着石油储层中石油资源与能量的减少，生产井的产量必然呈现递减趋势，并逐渐衰退成为废弃井。因此，在生产过程中，某一确定生产井的产量在不采取措施的情况下必然是逐步减小的，这就是石油开发中的产量递减规律。在产量递减规律作用下，如何才能保证油田开发的稳定性和持久性呢？比较好的策略是梯次开发，像蚂蚁啃骨头那样，找到下嘴的地方以后一点一点地啃，啃净一处再换另一处。千万不能像羊入草料场那样,一边吃一边踩,最后看着大片脏饲料却没法下嘴。对于油田开发,常要根据储量、社会需求和开发技术水平确定每年的储量动用情况,往往每年动用的储量只占全部储量的一小部分。这样就可以形成细水长流的开发状态,保证在较长时期内,油田的生产可以保持基本稳定。

图6.3 饱餐一顿

油田开发通常以接替稳产的方式来保证产出的稳定性和持久性。具体来说,有措施接替、井间接替、层间接替、区块接替等不同的接替方式。

措施接替是指在同一套注采井体系中通过改变采油方式、生产设备或工作制度等开发条件使石油产量在新条件下恢复到产量递减前的水平。由于调整的范围较小,措施接替适合石油储量潜力仍然充足的首轮接替。如果措施接替已无法实现稳产目标时,就可以考虑进行井间接替或层间接替。

井间接替是当一口高含水井产量递减时,采取有效措施,提高其周边不含水或低含水油井的注采强度和采油速度,以弥补高含水井产量的递减。与井间接替类似但规模更大的是排间接替。在行列式注水方式井网中,当第一排高含水生产井产量递减时,可及时提高第二排生产井注水强度和采油速度,以弥补第一排生产井产量的递减。

层间接替是指以非主力油层接替主力油层的稳产措施。当主力油层含水较高，产量开始递减时，采取各种有效措施，充分发挥非主力油层的作用，提高其采油速度，以弥补主力油层产量的递减，使油田继续保持高产稳产，这就是层间接替。

区块接替关注的范围更大，其调整范围扩大到整个油田。如果某开发区块高含水生产井产量递减时，及时提高不含水或低含水开发区块的注采强度和采油速度，就可以弥补高含水开发区的产量递减。

从更广的角度来看，接替稳产还应包括技术接替与资源接替。技术接替是指通过技术创新大幅度提高采收率，使从前无法动用的剩余石油资源变为可以动用的资源。资源接替则是通过勘探发现新的储量，弥补可采储量的递减。通过以上各种方式，油田的开发实际上呈现滚动开发的局面。旧的生产体系不断衰减，新的产能不断补充，就可以在较长时间内保持油田产能和产量的相对稳定。

6.4 注水开发三矛盾

当油田的天然能量消耗殆尽时，石油的生产就失去了动力。为了继续采集地下的石油资源，人们常用向储层注水的方式为石油储层补充能量。在人们的想象中，最理想的情况是打一口注水井，把水注入地下，使地层压力增加，驱替地下石油向采油井运移，从而油田所有的生产井都能借此恢复能量并重新成为富有活力的优质井。现实情况往往不理想，一口注水井影响的范围相当有限，与波及整个油田的愿望相距甚远。究其原因，主要是注水开发油田存在三大矛盾：平面非均质性、层间非均质性、层内非均质性。对非均质多油层油田进行注水开发，由于各个油层的性质差异，每个油层本身在平面上和层内各段的性质也存在差异，必然导致注入水在层间、平面和层内的不均匀推进（图6.4）。

图6.4 注水开发过程中的指进现象

平面矛盾是指一个油层在平面上由于渗透率高、低不均匀,连通性不佳,井网对油层控制较差,造成注水后同一方向上水线推进快慢不同,发生指进现象,使油层内各区域的压力、含水、产量出现明显差异。

为了描述石油储层的平面非均质性特征,人们关注石油储集体的形状、大小与连续性、连通性等关键性质。石油储集体的几何形态对布井方案的设计影响较大,是决定井网形状的重要因素。各种环境下沉积的石油储集体,其几何形态一般以长宽比分类命名,席状体:长宽比近于1:1,宽厚比大于1000;土豆状体:长宽比小于3:1,宽厚比大于100;条带状体:长宽比小于20:1,宽厚比大于30;鞋带状体:长宽比大于20:1,宽厚比大于30。

不同石油储集体间的连通性对井网设计也有较大影响。连通性是指石油储集体在垂向上和平面上的相互接触连通,用配位数(指与某一个石油储集体连通接触的其他石油储集体数量)、连通程度(指连通部分的面积大小)、连通系数(连通的层数占总层数的百分数)来表示。连通后形成的连通体通常有3种形式，即多边式（侧向上相互连通为主）、多层式（或称叠加式，垂向上相互连通为主）、孤立式（未连通）。连通性对井网设计的影响主要在于井网间的干扰。

层间矛盾是指非均质多油层油田在笼统注水开发过程中，高、中、低渗透层之间，在吸入能力、水线推进速度、地层压力、采油速度、水质状况等方面产生的差异。层间非均质性是造成层间矛盾的内因，是多油层注水开发油田中最为突出的矛盾。层间非均质性是对一套砂、泥岩间互的含油层系的总体描述，包括各种环境的石油储集体在剖面上交互出现的规律性，以及作为隔层的泥质岩类的发育和分布规律等，是决定开发层系、分层开采工艺技术等重大开发战略的依据。一般用分层系数、砂岩厚度系数等数据描述层间非均质性。分层系数指一定层段内砂层的层数，以平均单井钻过砂层数表示。砂岩厚度系数，或称砂岩密度，指剖面上砂岩总厚度与地层总厚度之比，以百分数表示。有时也要考虑各砂层间渗透率非均质程度（指各砂层间渗透率变异系数、渗透率级差、渗透率突进系数等的层间差异）。如果层间差异很小，就可以考虑合并开发，如果层间差异较大，就需要分层分别开发。

层内矛盾是指在同一油层的内部、上下部之间存在差异，其渗透率大小不同，高渗透层中有低渗透条带，低渗透层中存在高渗透条带，注入水在阻力小的高渗透带突进。同时，地下油水黏度、表面张力、岩石表面性质等方面的差异也是形成层内矛盾的因素。层内非均质性是造成层内矛盾的内因，它直接控制和影响一个油层内注入剂波及体积的关键地质因素。层内非均质性通常包括层内垂向上渗透率的差异程度、最高渗透率段所处的位置，层内粒度韵律、渗透率韵律、渗透率的非均质程度以及层内不连续的泥质薄夹层的分布。可分为两大方面：一是层内最高渗透率段所处位置，以及层内各段间渗透率的差异程度；二是储层规模宏观的垂向渗透率和水平渗透率的比值，它们是决定流体垂向串流的重要因素。这两方面所表现的层内非均质性又受控于许多地质特征。如储层内粒度（或渗透率）韵律，即层内碎屑颗粒粒度大小在垂向上的变化，它受沉积环境和沉积方式的控制。粒度韵律有正韵律（底部粗，向上变细）、反韵律（底部细，向上变粗）、复合韵律（即正反韵律的组合）和均质韵律（粒度在垂向上变化无韵律性）四类。而最高渗透率段所处位置通常与粒度韵律密切相关，在设计井网部署方案时一定要明确层内最高渗透率段处于储层的底部、顶部或中部。

储层层内非均质性在油田注水开发过程中影响注入水的波及体积和驱油效率，从而影响水驱采收率的大小。层间及层内非均质性导致注入水在垂向上的推进速度，从而影响注水波及厚度的大小；平面非均质性导致注入水在平面上推进的不均衡性，从而影响注水波及面积的大小。层间、平面及层内非均质性总体上影响注入水波及体积的大小。而孔隙级别的微观非均质性影响注入水对石油的驱扫效率（即驱油效率）的大小。

在油藏注水开发过程中，合理地划分开发层系，优化合理的井网密度，采取分层开采的注采工艺技术，根据注水开发过程中开发动态监测不断进行开发调整，可以最大限度地增加注水波及厚度和波及面积，再配合各种提高驱油效率的强化采油技术，就可以提高油藏水驱采收率。

6.5 稳油控水出奇效

在社会大众印象中，油井产出的都是油，实际情况却复杂得多。在油田开发初期，自喷井中产出的基本都是油。在油田开发的中后期，随着注水措施的持续应用，采出液中的含水量迅速增长，甚至严重影响油田的正常生产进程和经济效益。此时，如果减少注水，地层压力下降，石油产量也会随之减少；如果增加注水，采出液中的水含量也会随之增加。这种状况令生产决策者陷入两难境地，到底是注还是不注？

大庆油田给出了一个较好的答案。世界上与大庆同类的油田，稳产期最长的也只有十几年，短的只有三年五年。20 世纪 90 年代，大庆油田已经开发了三十年，按照一般规律，早已超过了开发寿命的极限，但国家能源需求摆在那里，稳产是社会责任，必须加以保证。在高含水开发阶段，注水井与采油井窜流现象突出，单井产油量"跌跌不休"，怎么办？大庆石油人态度非常坚决：稳油，控水！

稳油是一个永恒的命题，早在大庆油田开发之初就已经形成了长期稳产的预见。20世纪80年代之前，稳产主要通过各种接替措施来实现，薄差油层的接替使大庆油田的地质储量和可采储量都增长了60%，相当于为大庆新增了一个地质储量七亿多吨的大油田。大庆油田也因此实现了第一个5000万吨石油稳产10年的目标。1986年，在国家科学技术奖励大会上，"大庆油田长期高产稳产的注水开发技术"被授予国家科学技术进步奖特等奖。然而，随着采出液含水量的进一步增加，大庆油田进入高含水阶段，单纯的稳油措施已经不能保证生产的经济效益，控水成为大庆油田开发生产无法回避的关键问题。

以当时国际上油田开发经验来说，稳油与控水的矛盾几乎不可调和。在高含水期，传统油田生产只有三种模式，即提液稳产、稳液降产和降液控水。也就是说，要么多注水保持产量，要么稳住液量牺牲部分产量，如果要坚决控水，就要把产液量降下来。富有创新精神的大庆石油人打破了这些传统开发模式的束缚，开创了水驱多层砂岩油田高含水后期开发的新模式。研究发现，不同区块、不同井网、不同井点的地下油层在注水开发过程中，始终存在着不均衡性。根据这一特点，大庆油田采用老井转抽、新井压裂、打加密井、堵水等技术措施，探索出了一套符合油田实际的开采技术，形成了大庆油田确保持续高产稳产目标的"稳油控水"系统工程。

控水的目标是避免产水量的增加，但不能一减了之，因为注水少了，油藏压力降低了，石油产量也会受到影响。因此，不但不能减少注水，甚至还要保证注水的充足。在这种情况下，唯一的选择就是提高注水效率。首先要实现精准注水，即对储层进行细分层注水。注水目标精准了，效率自然就提升了。其次要合理堵水，避免水在高渗透区域无效穿行，使注入水必须通过中低渗透区域，这样就大大提高了注入水对中低渗透区域的波及效率，从而使得中低渗透区域的石油能够尽可能多地被水驱替到采油井。通过堵水、完善注采系统等综合调整措施，生产井的产液结构得到了很好的调整，达成了稳油降液的效果，实现了控水目标。

稳油控水的措施中还要对油田含水结构进行调整。对基础井网以控水为主，施加堵水、调剖、选压（选择性压裂）、补孔等措施，提高采油井效率；对注水井加强管理，视情况加强、停注或转注；打更新井和"聪明高效井"。对较新的主力生产井，则采用分层注水为主的层间调整模式，提升各油层动用程度，使含水量上升速度得到有效抑制。对于刚刚投产的新井，则以预控制为主，强化前期综合研究工作，提出精准射孔方案和合理的开发调整方案，严格控制油井投产后的含水上升速度。

在一系列综合措施的作用下，注水效率得到极大提升，稳油控水的目标得以实现。1996年，大庆油田高含水期"稳油控水"系统工程荣获国家科学技术进步奖特等奖，这个奖励是对大庆油田"稳油控水"系统工程的充分肯定，是油田开发功绩的见证。

6.6 "六分四清"解难题

有句俗话叫作"贪多嚼不烂"。假如有人想吃掉一个大蛋糕，最好的办法显然不是直接把整个蛋糕塞进嘴里。这样不仅不能安心吃到喜欢的美味，反而可能被噎住而发生生命危险。油田开发也是这样，面对一个结构复杂的大型油田，如果打上一口井就急于全面注水开发，效果往往远低于预期。大庆油田就曾遇到这种情况，大庆油田是包含几十个石油储层的大型油田。大庆油田开发之初，采用了笼统注水的开发方式，因为方法不够精细，出现了"注水三年，水淹一半，采收率不到5%"的问题。当时的外国专家曾经断言，中国人根本开发不了像大庆油田这样复杂的大油田。

面对大庆油田这种结构复杂的油田，难道真的像外国专家断言的那样，只能"望油兴叹"吗？当然不！中国石油人是有志气、有办法的。第一代"铁人"留下了"有条件要上，没有条件创造条件也要上"的豪言壮语，树立起新中国工业建设的旗帜。第二代"铁人"则创立了"六分四清"分层开采的科学方法，使大庆这面旗帜半个多世纪屹立不倒。

那什么是"六分四清"？简单说就是大庆油田的分层开采技术。大庆油田开发实践中，将分层开采工艺技术概括为分层注水、分层采油、分层测试、分层改造、分层管理、分层研究，即"六分"，又提出在各种分层操作过程中需要注意的关键技术指标，包括分层压力清、分层采油清、分层注水清、分层产水清，即"四清"，合称"六分四清"。

具体来说，"六分"是指六类开采油田的方法。

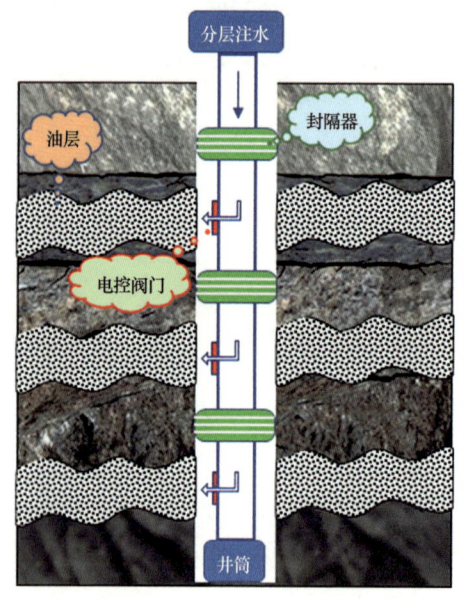

图6.5 分层注水管柱示意图

分层注水指在注水井中下封隔器，把性质差别较大的地层分隔开，再用配水器进行分层配水，使高渗透率油层注水量得到控制，中低渗透率油层注水量得到加强（图6.5）。

分层采油指在开采多油层的生产井内，用封隔器将油层分隔成若干层段，采用卡封或配产的方式来减少层间干扰，使油层充分发挥其应有的作用。

分层测试指利用下封隔器及各种测试仪器测量油井分层的产液量、产油量、含水率、压力等参数，以掌握各油层的动用程度及水淹情况。测量注水井各油层的注水量，以了解各油层吸水能力变化及注采平衡状况等。

分层改造指对未动用或动用不好的中低渗透率油层进行分层压裂、酸化等增产、增注措施，提高其生产能力或吸水能力，以改善油田开发效果。

分层管理的主要内容是要取全、取准分层开发的动态资料，分析各油层开发状况。针对出现的问题，及时采取有效措施。对于油井要分层录取产量、压力、含水、流体性质、油层改造等方面资料。对于注水井要录取分层吸水能力、压力、水质、增注效果等方面的资料，在此基础上计算分层产液量、产油量、产水量、含水率、注水量、压力等数据。

分层研究的目的是逐层分析注采井状况及油水变化规律。进行油田开发动态分析时要落实到各个油层及油砂体上，重点研究各油层的油水运动规律、压力水平、动用程度、水淹状况、剩余油分布等情况。针对出现的问题，提出相应措施，充分发挥各类油层的作用，以提高油田最终采收率。

分层压力清、分层采油清、分层注水清、分层产水清的"四清"则言简意赅，就是要做到在分层开发油田过程中，必须做到每一层的压力变化规律、石油产量波动、注水与产水的实际效果都心中有数。

"六分四清"分层开采调整控制应用技术是通过不断试验，在最初的"非均匀"注采理论和方法基础上不断发展而形成的。在"六分四清"理论与技术的支持下，大庆油田于1976年实现年产石油5000万吨，并在这一水平上稳产27年，践行了当年每个石油人心中"我为祖国献石油"的理想。

6.7 井网调整再挖潜

提起井网，很容易令人联想到渔网，进而想到"三天打鱼，两天晒网"这个耳熟能详的成语。如今提起这个成语，通常取做事无恒心、不能有始有终的引申意思。这个成语的用法颇有望文生义的味道，把渔民正常的生活活动引申到了贬义的评论范围。事实上，渔民晒网是保证打鱼效果不可缺少的必要措施（图6.6）。这是因为早年的渔网多为麻制品，吸水后容易腐烂，而且吸水后渔网会变得更重，不便于使用，所以晒网是最正常不过的工作。在晒网的同时，还要对渔网进行整修，把网上缠绕的水草等杂物清理干净，再把网上的破口补好。这样，才能在下次出海打鱼时拥有称手的工具。

图 6.6　打鱼晒网图

在油田开发过程中，正是需要真正的"三天打鱼，两天晒网"，对井网运行状况进行即时监测并根据需要对井网进行及时调整，以保证石油开采过程的顺利进行。根据调整方式的不同，井网调整可以大概分为注采系统调整和井网结构调整。注采系统调整主要指对原井网注水方式的调整，一般不钻井或钻少量井，主要是通过改变注水方式来强化注水效果。例如边外注水或边缘注水条件下，油藏内部的采油井受效较差，可以通过在油藏内部增加注水井来加以改善；行列注水条件下，中间井排受效较差，则可以在中间井排增加点状注水或调整为不规则井网注水方式；断层附近注采体系不完善，注水受效差或存在死油区，可以增加点状注水井以实现局部注采系统调整；裂缝型油藏注水开发以后，沿裂缝迅速水窜，甚至造成油井暴性水淹，可将沿裂缝水窜油井转注，形成沿裂缝注水，能获得较好的水驱油效果；反九点法井网注水，随着油井含水量上升，产液量增长，注水井数少，满足不了注采平衡的需要，可调整为不完整的五点法井网（注采井数比为 1∶2）或完整的五点法井网注水（注采井数比为 1∶1）等。

六 "对症下药"搞好开发调整

井网结构调整包括井网加密和井网抽稀。井网加密适用于储量动用程度低、水驱波及体积小的情况。井网加密往往需要打新井来增加注采井数比和注水强度,可分为零星加密、局部加密和整体加密等情况(图6.7)。

零星加密是在特别需要的位置打少量新井。一般是对油层再认识后,发现局部井区方案不合理,通常是主力油层注采系统不完善,这时需要打零星调整井,这种井通常打的时间较早。对于平面非均质性严重的油藏,在开发后期,可根据油砂体展布范围调整井距,一个油砂体内,至少得有一口采油井、一口注水井。

局部加密打井数量比零星加密略多,适用于对于井网控制不住、注采不协调或出现滞流区等情况。其实施方式是在局部地区增加注采井点。局部井网加密的布井方式有两种:一是钻点状注水井,以调整注采井距,实施强化注水;二是加密生产井,以缩小单井控制储量。例如在剩余油相对富集区,

图6.7 油田生产现场

增加油井；在注水能力不够的井区增加注水井；对产量较高的报废井，打更新井等。

整体加密是指在整个油田或独立开发区块上对原开发井网进行全面加密。这种全面加密一般有油水井全面加密和注水井全面加密两种实施方式。其中油水井全面加密适用于水驱控制程度低，但具有较大厚度和储量的油层情况。加密的结果会增加水驱控制程度，全区采油速度明显提高，老井稳产时间也会延长，最终采收率得到提高。注水井全面加密方式也很普遍，主要用于行列注水井网地区。而对于原来采用面积注水井网的地区应用起来限制较多。对于切割区为两排注水井和三排生产井的行列式注水井网，第二排间差油层水驱控制程度低，储量动用差，可以考虑这种方式，即注水井普遍加密，并在局部地区增加少量采油井。对于面积注水井网地区，水驱控制程度虽然很高，但由于注采井数比过小，注水井数太少，难以保持压力，采液速度缓慢，此时，可以考虑采取主要加密注水井的方式。

井网抽稀是井网调整的另一种形式，当油层单一或各个主要层均已含水很高，油井因主要油层严重的层间矛盾和平面矛盾暴性水淹，而低渗透区域不受效时，为了控制出水量并提高注水利用率，需要对主要层的井网采取抽稀措施。

无论是注采系统调整还是井网结构调整，都要尽可能做到调整后的油井多层、多方向受效，水驱程度高；注水方式的确定要和压力系统的选择结合起来，研究采液指数和吸水指数的变化趋势，确定合理的油水井数比，使注入水平面波及系数大，能满足采油井产量提高和保持油层压力的要求；保证调整后层系有独立的注采系统，又能与原井网搭配好，注采关系协调，提高总体开发效果；裂缝和断层发育的油藏，其注水方式要视油田具体情况灵活选定，如采取沿裂缝注水和断层附近不部署注水井等。注水方式的确定要留有余地，便于以后进行必要的调整，同时还要有利于油藏开发后期向强化注水方向的转化。

油田开发进程中，注采体系随时可能发生变化。如果不能根据变化及时采取适当应对措施，就可能使石油开发受到不同程度的损失。因此，在油田注水开发过程中，不仅要"三天打鱼，两天晒网"，甚至可以"天天打鱼，天天晒网"，做到对油藏的即时变化心中有数，井网调整及时有效，确保石油开发的顺利进行。

七 "吃干榨净"多采油

衣服洗好后,如何弄干呢?拧挤会使衣物中的水脱除一部分;如果离心甩干,可以再脱除一部分水;如果用热风吹一下,还能更快干燥。油藏中的油就如同衣物中的水一样,而且从地下采出油的难度要远远超过脱除衣物中的水,所以人们想出了许多办法,使地下油藏中的油尽可能多地被开采出来,这就是各种各样的提高采收率技术。

7.1 影响采收率因素多

在完成机械修理工作后,人们手上可能会沾满油污,只用水根本不能清洗干净,需要用强力的洗涤剂帮忙才行。这个例子说明,布满纹路的粗糙表面易于粘附油污,流动性差的物质不易从物体表面剥离。在地下油藏中,刚好既有狭窄的粗糙表面,又有流动性不那么好的石油,可以想象,如果只是让石油自然产出,地下一定会留下大量剩余油资源(图7.1)。所以,通常来说,油藏中的石油资源是不可能完全开采干净的。上百年的石油开发实践也证明了上述观点,于是人们提出了采收率的概念,用于衡量油藏中石油资源的采出程度。

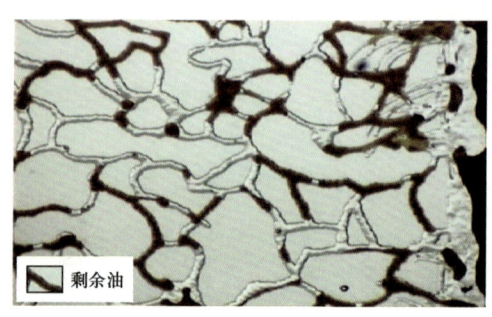

图7.1 剩余油示意图

人们把依靠目前所采用的开发方式和开采工艺技术最终所能采出的石油总量占其储量的百分数定义为油藏的最终采收率。一般常用的"采收率"指的就是最终采收率。采收率的高低标志着不可再生的宝贵石油资源的可采出程度。从实际资料来看,油田采收率高的可达到50%~60%,低的只有10%~20%;气田采收率高的可达80%~90%,低的也只有30%~50%。因此,为了避免大量石油资源遗留在地下,在油田开发过程中,千方百计地提高采收率就成为合理开发油田的一条重要原则。

影响油田采收率高低的因素很多,大体上可以分为油田的天然地质条件和人工措施两大方面。天然地质条件包括油田的非均质状况、油气的物理性质等,这是很难改变的客观条件。如果油藏储层的孔隙尺寸很小且连通性差,地层渗透率低,或者地下石油黏度较大,其流动性较差,更容易吸附在储层孔隙的表面而成为难动用储量,石油资源就不容易开采出来。相反,如

果油藏储层孔隙较大且连通性好，地下石油黏度较低，则在开采过程中，残留在储层岩石中的石油就相对较少，采收率相对较高。

人工措施是指人们为了更合理地开发好油田所采取的各种开发措施，如开发方式、井网系统以及各种工艺技术措施等，这是可以人为施加影响和控制的因素。如注水开发，既可以补充地下储层的能量，又可以挤占石油的存储空间，使石油残留量大大降低，有效提高采收率。人们还经常通过压裂、酸化等物理或化学手段改造地下储层的空间结构与渗透性能，使石油资源更容易被开采出来。以物理或化学手段降低石油的黏度也是提升采收率的有效方法。为了尽可能避免储层岩石对石油的吸附，人们还尝试改变储层岩石的润湿性，使岩石表面尽可能少地吸附一些石油。

因此，从油田开发一开始，就要采取各种经济、有效的措施提高采收率。为了更好地开发石油资源，人们针对影响采收率的各种因素发明了许多新技术、新方法，形成了二次采油、三次采油等诸多开发手段，使石油开发的采收率不断提升。

7.2 接二连三采油忙

人们比较公认的现代石油工业的开端是德雷克于1859年在美国宾夕法尼亚州石油溪旁成功钻探的第一口工业油井。出乎意料的大量收获让人们手忙脚乱，德雷克只好用啤酒桶临时储存石油，由此形成了桶装石油的惯例，这也是国外石油交易用桶为计量单位的渊源。当时的石油生产是非常粗糙、无序的，仅仅一年多的时间，蜂拥而至的人群就在周边成功打出了75口油井，而没有收获的干井更是不计其数。人们发现，已经出油的井的产量通常逐年下降，直至最终没有经济开采价值。由于当时人们对地下油藏的认识还相当有限，油田的早期开发基本上是靠"天"吃饭，这个"天"就是油藏的天然能量。

许多地下油藏中蕴含着巨大的天然能量，这些能量包括油层岩石和其孔隙介质中流体的弹性能量、流体本身的重力、边水或底水的水动力学压能、油藏顶部气体压能或石油中溶解气的膨胀能等。根据驱油的主要天然能量不同，油藏分为不同的驱动方式：弹性驱、重力驱、水驱、气驱和溶解气驱，一般在综合能量作用下油井大多处于自喷生产状态。该阶段由于充分利用了油藏本身的天然能量，因此开采成本较低。

这种利用地下天然能量开发石油的方式有一个明显的缺点，就是在开采过程中能量会不断衰竭，故称这种采油方式为衰竭式开采。就像一个大气球上有一个针孔撒气一样，刚开始撒气速度快，随着时间的流逝，气球内压力越来越低，撒气的速度就越来越慢，直到气球内压力与大气压力平衡时就不再撒气了。油藏的天然能量都是有限的，具有充足天然能量补给的油藏比较少见。当地下能量消耗殆尽，无论地下的石油资源还剩余多少，都无法像开发之初那样自喷了。对于这种失去驱动能量的资源，当时人们唯一的办法就是用泵抽吸，如果抽吸也无法得到合理的产量，整个油井就会被废弃。

由于 19 世纪工业技术水平较低，油田开发带有"掠夺式"的色彩，天然能量的耗散比较迅速，因而生产效率低下，石油产量递减快，石油采收率很低，一般仅为石油地质储量的 10%～20%。

随着石油开发技术的进步，人们发现这些废弃的油藏中仍蕴含着大量石油资源，可以通过注水开发等手段再度开发。于是就把之前利用天然能量开采的阶段称为一次采油，而注水开发、化学剂驱油等开发方式顺次称为二次采油、三次采油等。

美国宾夕法尼亚州的一些早期油井因套管被腐蚀破坏，地层中的水窜入油井，令人惊奇的是油井的石油产量不仅没有因此下降，反而成倍增长。人们据此提出了向油藏中注水来提高采收率的设想。1907 年，这种注水开发的设想在美国宾夕法尼亚州的两个油田开始实施，使油藏注水开发变为现实。

注水开发的主要作用是用人工手段向油藏中补充能量，以恢复（或保持）油藏压力。具体措施包括向油藏顶部注气、边部注水或油田内部注水等（图7.2）。根据补充能量的方式，可以将一次采油之后的开发方式分为气驱开采、水驱开采等。在注水开发阶段，为了提高水驱效率，要合理划分注采层位、合理布置井网和井位、控制合理的采油速度、不断改善注采能力，并根据生产状况不断调整井网和细划分层。注水开发过程中，油井含水率将会不断上升，应当及时采取控制含水上升的措施。

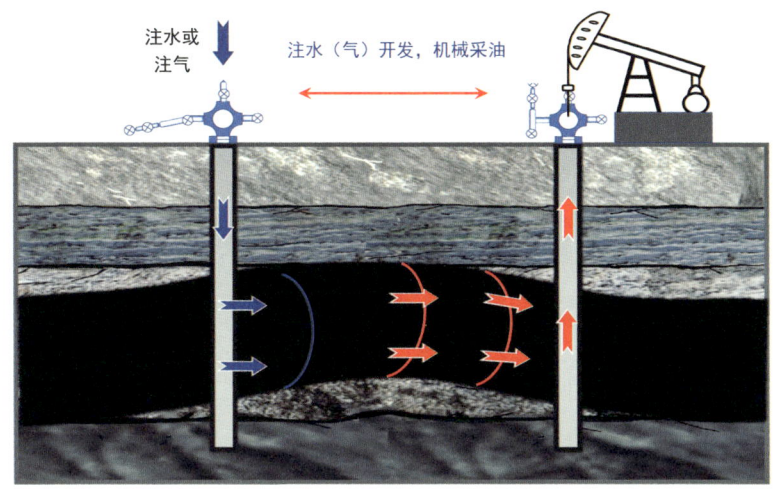

图7.2 注水（注气）开发示意图

通过人工补充能量，地下油藏可以产出更多的石油资源。但受地下储层非均质性及资源减少等因素的影响，持续注水一段时间后，注水效能将会慢慢变差。为进一步提高石油采收率，人们又发明了许多种改善水驱效能的方法。这些方法可以在油田综合含水率不断升高的趋势下，有效降低含水、稳定油井产量。具体来说主要包括加密井网、调整开发层系组合、油井堵水、水井调整吸水剖面、周期注水、油层深部调整水流方向、水平井增加井底渗滤面积开采以及各种油井增产和水井增注工艺等措施（图7.3）。例如大庆油田的稳油控水工程，就是改善水驱采油，使大庆油田在年产原油5000万吨的水平上连续稳定了27年。

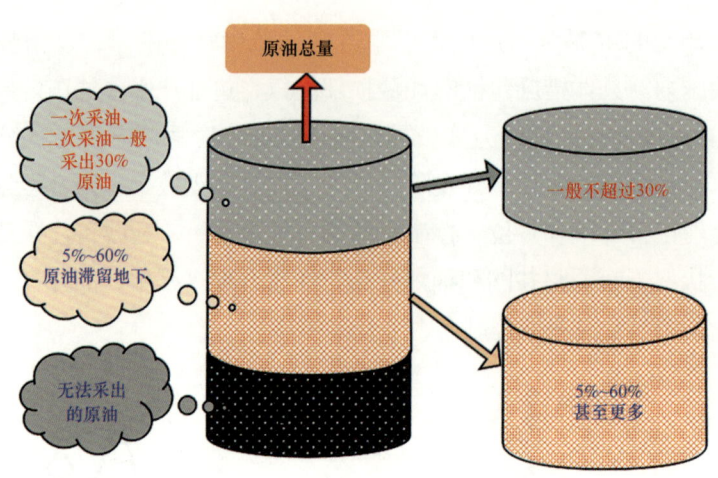

图7.3 一次采油、二次采油的采收率

人们清理手上油渍的办法是使用洗涤剂。洗涤剂可以破坏油渍在皮肤表面的吸附并帮助油渍溶入水中,随清水流走。面对二次采油之后的剩余油资源也可以采用类似的方法,将各种化学剂如碱水、高分子聚合物溶液和表面活性剂水溶液等注入地下储层,把水驱后剩余油(岩石微观孔隙介质中毛细管力滞留油滴、岩石骨架表面黏附油膜和油斑以及驱替水没有波及的油等)清洗下来并汇集到生产井中再开采到地面(图7.4)。除了化学药剂,人们也发现了其他有利于地下残余油采出的手段,如注入混相或非混相气体如二氧化碳、烃类气体、烟道气、氮气等,注入热水或蒸汽,火烧油层,注入石油微生物等方法,或者这些方法的联合应用(图7.5)。

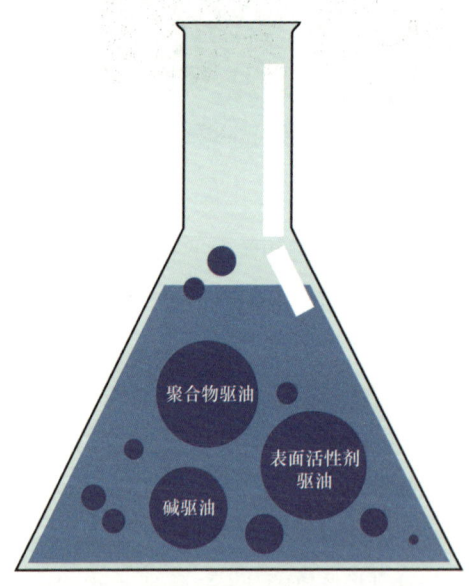

图7.4 主要化学驱油方式

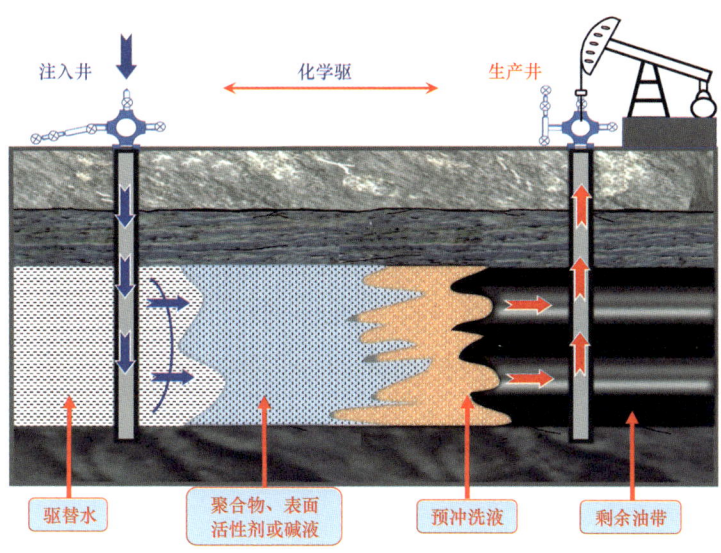

图 7.5 化学驱油过程示意图

由于这些方法最初多应用于二次采油之后，人们常把这些方法统称为三次采油技术（图 7.6）。三次采油的过程远比一次采油、二次采油过程复杂，要具备化学剂、载热流体、混相气体或生物菌等的注入设备，还要通过大量实验确定各类注入流体与储层岩石及地下石油之间的配伍性能，注入过程本身也要消耗大量的能量和人力。因此，三次采油的资金投入相对较大，成本也相对较高。但三次采油可以大幅度提高采收率，获利能力也很大。一般而言，油藏经过三次采油之后，其采收率可达 50%～90%，远超一次采油和二次采油（图 7.7）。

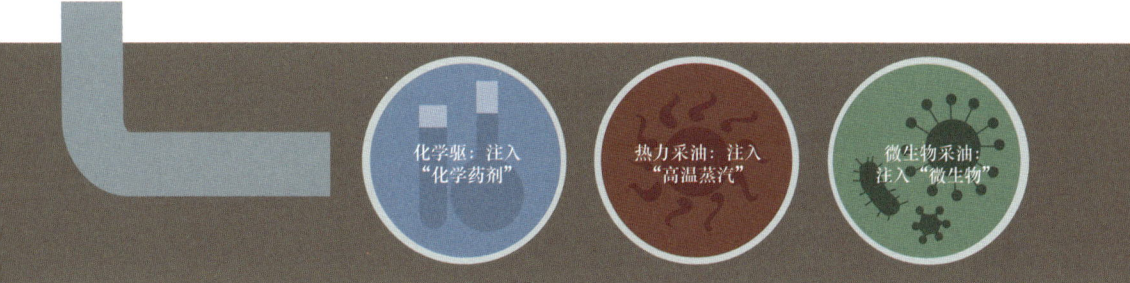

图 7.6 三次采油家族

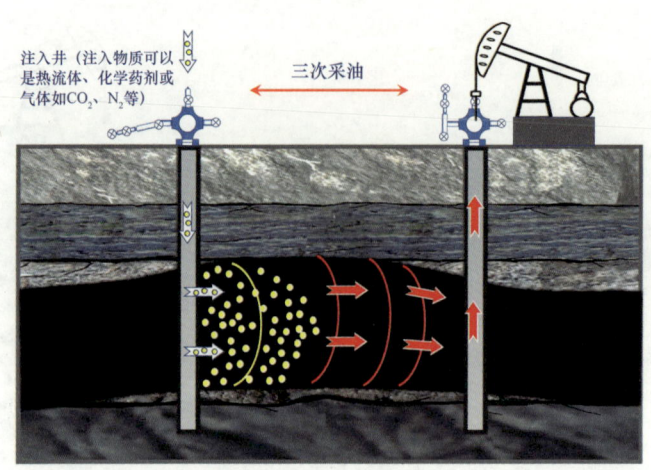

图 7.7　三次采油示意图

三次采油提高采收率的方法很多，国内外一般认为气体混相驱、热力驱和化学驱是其中的三种主要类型。但实际上对稠油油田来说，主要采用热力驱油的办法。而对常规油田，选用哪一种方法则要根据地质条件和物料来源是否丰富和廉价等具体国情（对一个油田来说，则还要看该油田的具体条件）来确定。我国对所有油田进行了两轮各种三次采油方法的筛选分析和潜力评价，结果表明化学驱包括聚合物驱和碱—表面活性剂—聚合物三元复合驱对我国以陆相储层为主要特征的油田条件最为适合，潜力最大。据此确定了把化学驱作为我国三次采油技术的主攻方向。

虽然三次采油从次序上看应该在一次采油和二次采油完成之后，但实际情况并非如此，许多油田的开发并不一定以一次采油或二次采油作为开端。比如克拉玛依油田的稠油油藏，从一开始就是以蒸汽吞吐和蒸汽驱的方式进行开发的。又如大庆油田，在开发之初就利用注水措施保持地层压力。国外与大庆油田类似的油田，其开采寿命仅有几年到十几年，而大庆油田注水开发历经六十多个春秋之后，仍能保持数千万吨的年产量。可见，缺少一次采油或二次采油并不见得开发效果不好。这样一来，三次采油的概念就变得不那么确切了，所以人们现在提起化学驱、气体混相驱、热采、微生物采油这些技术手段，更喜欢把它们统称为提高采收率技术。

7.3 把地下石油"洗出来"

油藏在经历一次采油和二次采油后，还有相当一部分石油资源滞留在储层当中。这些剩余资源包括吸附在孔隙壁表面的油膜或油斑、由于毛细管力作用滞留在喉道或变形孔道处的油滴或油珠、由于微观孔隙尺寸的非均质性及宏观岩石渗透率的非均质性造成的驱替水无法波及的死油区等。它们如同渗入衣物纤维中的油污，简单地用清水冲洗几乎完全不起作用。面对这些确切存在却无法拿到的资源，人们曾一度"望油兴叹"。若干年后，有人想到给地下储层施加一些"洗涤剂"，是否可以把那些黏附在岩石表面的残余油清洗出来呢？

早在 20 世纪 20 年代，就有人开始尝试用碱或表面活性剂（洗涤剂）提高石油的采收率。单纯的碱液驱油和表面活性剂驱油都存在难以克服的缺点，例如，碱驱过程中，碱会与地层岩石发生化学反应而大量损失，同时可能造成储层结构的破坏；而表面活性剂驱油也面临药剂昂贵的局限。最终这些缺点都归结为成本太高，经济上难以承受。

后来发现，有效解脱岩石对石油的吸附不一定只用一种方式，关键在于要对症下药（图 7.8）。例如将岩石孔隙壁表面的润湿性由亲油变为亲水，或者使亲油性不那么强，让粘附在岩石表面的油膜更容易剥落。大幅度地降低油水界面张力对残余油的采出也有帮助，这是因为油水界面张力的下降削弱了孔道滞留油的毛细管力，使其中滞留的油变得更易流动。增加驱替液的黏度也是有效的方法，其作用原理是扩大驱替液的波及体积。这是因为当驱替液与石油黏度相近时，两者更容易同步流动，而不是像低黏度驱替液那样迅速穿过油藏储层而"不带走一丝油线"。这些研究成果推动了化学驱的应用进程，催生了许多复合驱油技术。

在实践的基础上，人们总结出了选择化学药剂的基本原则。首先药剂要具有较高的效率，即在用量尽量低的条件下使溶液达到需要的性质；其次试剂本身或者在助剂作用下具有好的水溶解能力，在水中能够快速地完全溶解

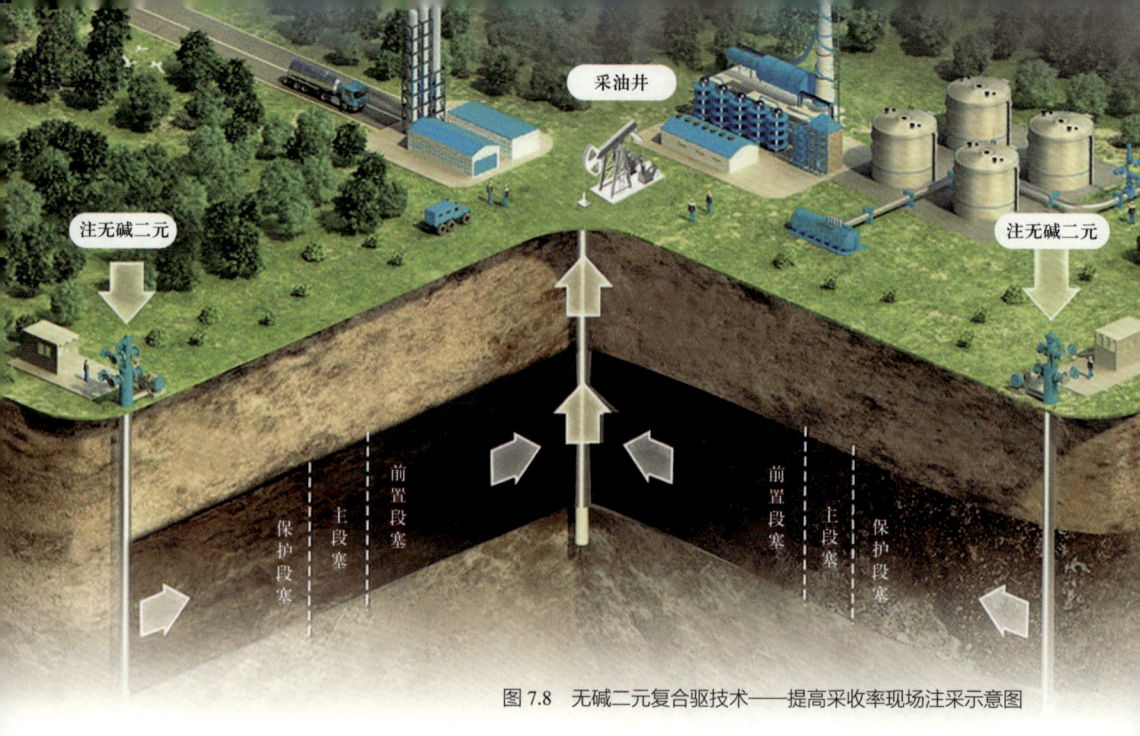

图 7.8　无碱二元复合驱技术——提高采收率现场注采示意图

成分散体系溶液。另外，化学驱油剂要具有足够的稳定性，不能自动失效，也不会因温度、微生物和其他化学剂的作用而失效，不会对地层、地面环境和生物等造成危害，同时对操作人员没有任何毒害。还有一个不可忽视的必备特点就是要易于推广，即要具备来源广、价格低廉、能够及时连续供应且不会大幅度增加生产成本的特点。

根据这些筛选化学驱油药剂的原则，人们找到了许多功能不同的化学药剂用于提高油田开发采收率（图7.9）。如羧甲基纤维素（增加驱替液黏度）、部分水解聚丙烯酰胺、羟乙基纤维素、黄胞胶、田菁胶和褐藻酸钠等；以表面活性剂、碱类、不同模数的硅酸钠等（降低油、水界面张力和改变固体表面润湿性）；以改善主剂的物理化学性能为主要目的的各种助剂，如不同碳链长度的醇类（用以改善表面活性剂的溶解能力、表面活性和溶液流动能力，也用于泡沫体系以增加泡沫的稳定性），聚电解质如多聚磷酸盐等（用以降低主剂在多孔介质流动过程中的滞留损失），碱类（用以降低主剂在多孔介质流动过程中的滞留损失，同石油中的有机酸反应生成新的表面活性剂对主剂起增效作用）、尿素（改善表面活性剂溶液的活性）、各种螯合剂，如乙二胺四乙酸（EDTA）等（螯合水中的多价离子，防止和抑制其同主剂反应形成水不溶物而使活性降低和堵塞油层）、有机氮和有机磷化合物（用作牺牲剂降低主剂的损失）等；木质素磺酸盐及其衍生物（用作驱油主剂、石油磺酸盐的部分替代剂和复合剂、驱替剂的牺牲剂等）；纸浆废液（亦称黑液，以各种木质素造纸产生的废液，可作为驱油主剂，也可作为驱油主剂的辅助剂）；其他辅助剂如杀菌剂、除氧剂、污水处理剂。

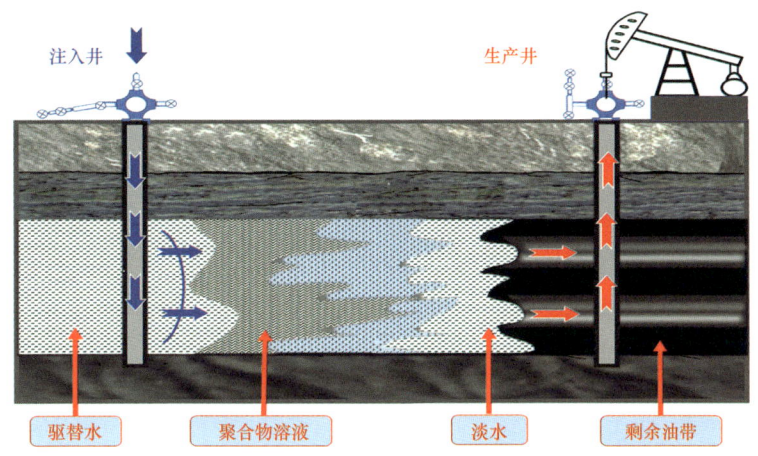

图 7.9　聚合物—碱水驱油示意图

根据油田的生产需求，人们通过上述药剂的调配得到了功能各异的化学驱油体系，形成了一些功能强大的三元复合驱体系（图 7.10）。如以增加驱

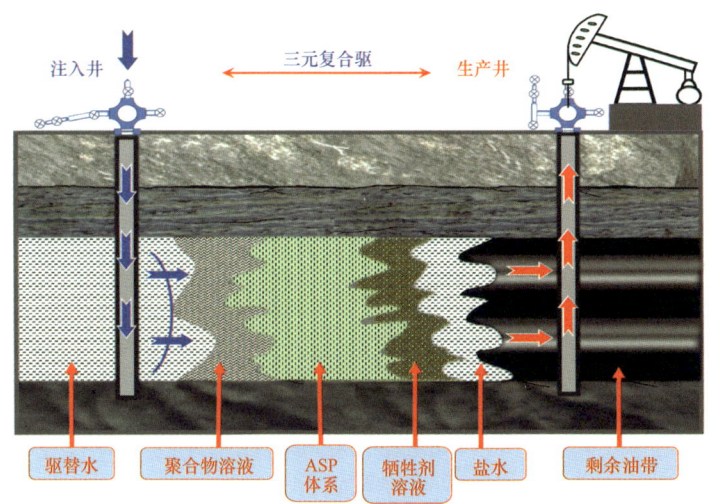

图 7.10　三元复合驱油示意图

油效率为主要目的的化学剂驱、以增加波及效率为主要目的的化学剂驱和两者兼顾的化学剂驱。无论哪一种驱油体系，都必须满足油田生产的配伍性要求。具体来说，包括与油层流体、油层岩石、油层环境、注入水以及驱油剂之间的各种配伍。所有的配伍效果都要既保持化学药剂的功能不损失，又要保证不因与配伍对象发生化学作用而破坏开发条件。由于不同油田石油、地层水、注入水和油层地质条件的千差万别，针对某一个具体的油田研制的驱油体系不能随意套用到其他油田。

事实上，为了保护驱油药剂，人们在生产工艺上也用尽了心思。在正式注入化学药剂之前要设置前置段塞，即先注入一定量的前置液体（盐水、碱水或者高分子聚合物溶液等）作为预冲洗液或主驱油剂溶液的保护液。前置段塞形成之后，才注入优选的主化学驱油剂溶液，称为主段塞。在主段塞之后还要再次注入一定量的后置液体（盐水、碱水或者高分子聚合物溶液等）作为后续保护段塞，称为后置段塞。最后转入正常的注水过程。这些工艺措施都是为了确保主段塞在油层驱替过程中不遭到破坏以保证驱油效果。

在众多提高石油采收率方法中，理论和实践都已证明，化学驱是最有效的方法之一。在油田开发过程中使用化学驱手段的确可以把地下储层中被牢牢吸附在岩石表面的残余油"洗出来"。根据我国油田提高采收率潜力评价，各种化学驱方法都有不同的应用前景。但是出于成本和效果的综合考虑，化学驱要成为像水驱那样普遍而经济有效的驱油手段，仍然有很长的路要走。

7.4 用气把地下石油"撵出来"

沐浴过后，湿漉漉的头发用吹风机一吹很快就变得干爽飘逸。头发上的水分可以被风带走，地下的石油是不是也可以被气体"撵出来"呢？答案是肯定的，自地面向油层中注入气体确实可以增加产油量，人们把这种利用注入气体提高采收率的采油技术称为气驱开发技术。气体在油层中同地层石油形成混相者称为混相驱油;不形成混相者称为非混相驱油,介于二者之间的称为近混相驱油。

非混相驱油的原理相对简单。气体在压力作用下溶解在石油当中,使石油黏度降低、流动性变强、体积膨胀。溶解了气体的石油所发生的物理性质变化都是有利于开采生产的:黏度降低就不容易粘结在岩石表面;流动性增强就容易被流动的水带到井筒;体积膨胀则增加孔隙含油饱和度,也有利于石油的开采。即使停止注气,溶解在石油中的气体也可以起到积极作用,它们可以逐步释放出来弥补地下压力的损失,起到类似天然溶解气驱的效果。所以非混相驱可以很好地提升石油的采收率。缺点是,非混相气驱很容易产生气体指进(气窜),并且一旦发生气体指进,油井的产气量就快速上升,气驱效率就大大降低。

在气驱技术中,当两种流体按任何比例都能混合在一起,并且所有混合物都能保持单相状态时,这两种流体即为混相流体。因仅为单相,所以流体间不存在界面,从而也就不存在界面张力,这样可把剩余油饱和度降低到最低限度。混相驱又可以细分为一次接触混相和多次接触混相。多次接触混相又可分为蒸发型和凝析型。

在气驱采油技术中,可供选择的气体有很多种,如烃类气体、CO_2、N_2、烟道气、惰性气以及空气等都可以作为气驱采油技术的气源(图7.11)。按注入溶剂(气体)不同,驱油方法可分为:高压干气驱油法(注入气以甲烷为主,油藏石油富含中间组分 C_2—C_6),富气驱油法(注入气富含中间组分 C_2—C_6),液化石油气(LPG)段塞驱油法,CO_2驱油法,碳酸水驱油法,水气交替驱油法,N_2驱油法,烟道气驱油法(约12%的CO_2,其余为N_2和少量杂质),注空气驱油法等。高压干气、CO_2、N_2、烟道气等混相驱油法都属蒸发型多次接触混相,富气驱油法属凝析型多次接触混相,液化石油气段塞驱油法属一次接触混相。

图 7.11　油藏 + 烃类气体、CO_2、N_2、烟道气、惰性气、空气

以液化石油气为溶剂的一次接触混相驱能在较低压力下达到混相，因此对较浅的油藏来说，这种方法有较大的潜力——驱替效率高。但其缺点也很明显，液化石油气成本高，若要降低成本，就得采用较小的段塞，但段塞太小，易被顶替气稀释，若采用气水交替顶替，在驱替前缘后面又容易留下较大的残余溶剂饱和度。由于这些缺点，现在已很少实施一次接触混相驱。

富含 C_2—C_6 的油藏可以采用蒸发型多次接触混相驱，驱替效率可达到 95% 以上。由于使用干气做溶剂，工艺成本更低。而且驱替过程中若失去混相能力，继续注气即可重新恢复混相；连续注气时，不存在段塞大小的问题。

CO_2 驱属蒸发型多次接触混相驱，从驱替性能上看，CO_2 是比天然气更为优越的一种注入溶剂、驱油剂。但它的缺点也很突出：运输成本高；天然 CO_2 资源储量有限；在某些情况下，黏性指进和重力分离现象影响着驱扫效率；达到混相需要满足超临界状态条件；腐蚀性强，需要对地面设备和井下管柱进行防腐处理，增加了注气投资和成本；产出气要专门处理、收集和循环。

N_2 驱和烟道气（约 12% 的 CO_2，其余为 N_2 和少量杂质）驱的优点是：N_2 为无腐蚀性的惰性气体，可节约大量防腐费用；N_2 密度小于气顶气密度，而黏度却与气顶气接近，即使地层压力高于 42.2 兆帕也会保持此特性，因而能减弱黏性指进现象；气体偏差系数比 CO_2、烟道气、C_1 都大，在同样地层孔隙体积下 N_2 的地面注入量要比其他注入气少，而且 N_2 不溶于水，较少溶于油，驱油过程中膨胀性好，弹性能量大；来源广泛，特别是膜分离技术的发展可直接从大气中吸取 N_2，既方便又经济。烟道气的驱替机理与 N_2 基本相同，有 12% 以上的 CO_2 气改善了驱油的效果。

气驱采油技术的最大弱点是注入气体的黏性指进和由于密度差引起的重力分离作用，注入气体过早突破，造成波及体积过低。解决这个问题可以有多种方式，如可以采用气水交替注入方法，交替注入气体段塞和水段塞，通过注水段塞，降低气体相对渗透率，以改善不利的流度比。也可以在注入气体前沿前置泡沫段塞，利用泡沫在多孔介质中的贾敏效应，增加驱替的流动阻力，稳定驱替前缘，提高波及体积，提高石油采收率。在注入气体之前，对油层实施注气剖面调整，堵塞大孔道和"贼层"——高渗透条带，也可以改善注入气的推进均匀性（图 7.12）。

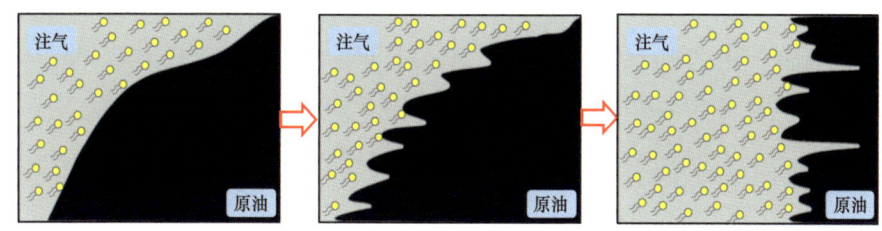

图 7.12　注入气体驱油示意图

气驱采油方法可用于二次采油，也可用于三次采油。根据 1998 年进行的我国主要油田三次采油潜力评价资料，在全国适合注气驱的石油地质储量至少占参评储量的 1/10 以上（10 亿吨以上）。另外，特别对那些不宜注水的油田（低渗透、水敏储层等），注气驱更有前景。随着科技的发展，气驱采油也开始出现了新的技术突破。通过气驱 + 储气库协同建设，可以提高驱油效率，又可以建设储气库。通过 EGR+CCUS 联作，可以埋存二氧化碳，提高天然气采收率。通过减氧空气驱，可以提高稠油采收率。通过注空气火驱，可以作为稠油的终极开发方式。

7.5 加热让地下稠油"融出来"

街边蒙蒙的灯下摆着几张小桌，烧烤摊上不时传来浓浓的香味。三三两两的年轻人凑在一起，啤酒就着烤串，兴致勃勃地谈天说地。烧烤炉上的肉串不时滴下几滴油脂，落在烧红的炭上，腾起缕缕火苗。时光定格在油脂滴下的瞬间，透过袅袅的青烟，弱小的火苗显得遥远而神秘。

关于火的传说都很神奇，如果有人说用火或火的热量可以开采石油，是不是又为火增加了一份神奇呢？

用火开采石油的确需要一点与众不同的想象力。石油科研人员通过努力，发明了稠油热采的系列技术。主要有：蒸汽吞吐、蒸汽驱、蒸汽辅助重力驱油（SAGD）、火烧油层（空气火驱）等技术。

事实上，最早的热采方法是1865年佩里（Perry）和沃纳（Warner）提出的井下加热器法。直到1920年，沃尔科特（Wolcott）和霍华德（Howard）才提出将空气注入油层的点火方案，在火烧油层的方案中，通过烧掉一部分油来产生热量和驱动力，把另一部分油降黏并驱替出来。最早的火烧油层试验是1934年苏联开展的。美国的火烧油层则始于1942年。

火烧油层也称层内燃烧或火驱。注入的空气在燃烧前沿将遇到的可燃物烧掉，生成的CO_2和CO与残留的N_2组成烟道气。燃烧产生大量热，这些热量使邻近石油降黏、裂解并使轻质组分气化，也使地层水汽化。在热效应、汽化物及烟道气的共同作用下，燃烧前沿前面的大部分油被驱动流向生产井并从井口产出。火烧油层大致可分干式火烧和湿式火烧，只注入空气的称干式火烧，注入空气中加入一定量水的称为湿式火烧（一般是每标准立方米空气加2~5千克水）。

湿式火烧是干式火烧的升级版。由于同时加入了水，可以有效利用已燃区的大量余热，使它变成驱油的蒸汽，因此得到同等产油量所需的空气比干式火烧少得多。一般说来，湿式火烧的空气需要量仅为干式火烧的1/3~1/2。而且大量蒸汽的生成使湿式火烧的蒸汽带比干式火烧的长得多，蒸汽带的温度为饱和蒸汽温度,湿式火烧前沿前面的高温区要比干式火烧长得多,因而湿式火烧驱油阻力小,产量反应快,采油速度高。另外,大量水的存在降低了高速气流造成的砂蚀,冲淡了燃烧产生的酸性,降低了腐蚀性,同时也降低了油井的温度。湿式火烧的这些优点使人们可以适当简化火驱的设备配置,更多地利用老井,降低开采成本。

火烧油层和地下加热器都不那么容易控制,同时,火烧油层是终极开发方式,烧完以后,地下就再也无法开采石油资源了。更简单、更保守的热采方法是利用蒸汽提供热量。以蒸汽为热流体直接对油层中的油进行驱替开采的技术称为蒸汽驱。最早用蒸汽驱的是 1931—1932 年得克萨斯州威尔森和斯旺两个油矿,而蒸汽驱大规模应用已是 1950 年左右。

在蒸汽驱开采过程中,按一定的注采井网,通过注入井将蒸汽注入油藏,由注入井注入蒸汽,在加热油层的同时,不断把油层中的地层流体驱向生产井(图 7.13)。各条带在后续蒸汽的持续推动下向生产井移动,最终将石油从储层带到生产井并开采出来。与火驱类似,各条带中分布的流体不同,相应的驱替机理也有所区别。

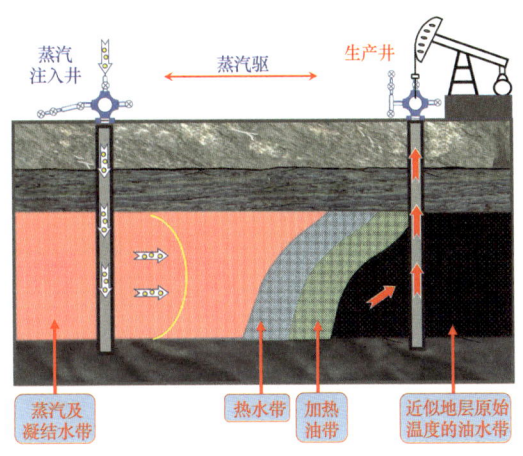

图 7.13 蒸汽驱工艺示意图

蒸汽吞吐是委内瑞拉壳牌石油公司于 1959 年在梅内大(Mene Grande)油田进行蒸汽驱试验的事故中意外发现的。在油田汽驱的注汽过程中,因注入井周围喷出油、水和蒸汽而停止注汽。令人惊奇的是,虽然这些井在注汽前从没有出过油,但这时却产出了少量蒸汽和大量油(100~200 桶/天),因而发现了蒸汽吞吐采油法。蒸汽吞吐采油法也称循环注蒸汽采油法。它是将一定量的蒸汽注入一口油井中，然后关井几天（焖井），再开井生产，待油井产量降到一定程度（一般是经济极限产量），再进行下一轮的注汽—焖井—采油。这样反复进行，直到转入其他开发方式或经济极限。由于蒸汽吞吐法投资少、工艺简单、见效快，所以很快被大规模应用，特别是20世纪70年代，它几乎成为热力采油的主要方法。但由于受机理的限制，开发效果有限（采收率一般只有15%～20%）。因此，到了20世纪80年代以后，国外把投入蒸汽吞吐开采的油藏大都转为蒸汽驱开发，而新投入注蒸汽开发的油藏，只把蒸汽吞吐作为前期阶段或重要的增产措施，而不再把它作为主要开发方式了。

与火驱和蒸汽驱相比，SAGD（蒸汽辅助重力泄油）工艺特征更像上下颠倒过来的街边烧烤，把地下难于开采的稠油"融出来"。其具体做法是在油藏底部打一口水平井，再在它的正上方打一口与其平行的水平井或沿其延伸方向打数口垂直井，构成注采井组。向上方的水平井或直井注汽，使难于开采的重质石油受热后变稀，并在重力作用下流入下方的水平井，便可以从下方的水平井采出重质石油。SAGD是人们为了开发那些由于黏度过高（一般在 10×10^4 毫帕·秒以上）无法进行常规蒸汽驱开发的超稠油（沥青砂）而设计的一种开采方法。SAGD方法在各种现场试验中的开发效果令人相当满意，将成为开采块状超稠油油藏的高效方法。

SAGD法能有效地开采原始油藏条件下没有流动能力的超稠油，具有产能高、井间干扰少、地层出砂量少等优点。但它只适用于垂向渗透率高且无连续夹层的油藏。对普通稠油，虽然SAGD方法也可以取得好的开发效果，但不如常规蒸汽驱的经济效益好。由于SAGD需要注入高干度蒸汽，而且生产井的产液量大，因此一般只能用于深度小于800米的油藏。

火烧油层、蒸汽驱以及SAGD统称为热力采油，自热力采油方法从20世纪60年代大规模应用以来，一直在强化采油中占有重要地位。热力采油潜力很大，随着常规采油产量的减少，热力采油的潜在能力将越来越大。这是因为世界上蕴藏着巨大的重油和沥青资源，20世纪末已探明储量大约为15000亿吨，约为已探明轻质石油储量的三倍多。这些储量基本都需要热力采油方法来开采。另外，许多老油田仍有60%~70%的储量留于油藏中，其中有很大比例需要热力采油来进一步开采。

7.6 微生物吃油"化出来"

微生物提高石油采收率技术是将适合的微生物注入油藏，通过微生物在油藏中繁衍带来的变化提升采收率的技术。在微生物繁衍过程中，它们吃掉油藏中的营养物质，争夺并占领生存的空间，促进周围环境中物质的转化，排出更具化学活性的新物质。在微生物吃与化的过程中产生的活性物质参与油藏中液相和固相的相互作用，改变石油—岩石—水界面性质，改变石油的某些物理化学特征，改善石油的流动性质，进而提高石油采收率。

微生物采油的主要机理包括降低石油黏度、降低油水界面张力、增强石油的流动能力、改善驱替剂的波及效率、封堵储层岩石中的大孔道等。降低黏度的机理是在微生物菌种以石油为碳源的繁衍过程中，降解大相对分子质量的烷烃，从而使石油的平均相对分子质量减小。同时，微生物也会促进氧化作用，产生醇、酮、酸等极性有机化合物或生物表面活性剂，这些极性有机化合物具有很好的表面活性，能够降低油水界面张力，从而减缓毛细管滞留效应。在石油降解过程中，较大分子降解形成了H_2、CO_2、CH_4等气体，这些气体或者溶解在油中使石油体积膨胀，从而降低石油的密度，增加其流动能力，促使剩余油流动起来；或者溶解在水中减小水的pH值，从而能够对地层岩石中的矿物质（如碳酸盐）产生腐蚀作用增加地层的渗透率，改善地层流体的流动能力。微生物的成长可以形成较大的群落，往往会堵塞大的孔道，同时其代谢物中包含的高分子生物聚合物溶入水中使水的黏度增大，这两种因素都使水在地层中的穿行能力减弱，从而使得注入水有更多机会被挤入较小孔道中，提升了驱油的波及效率（图7.14）。

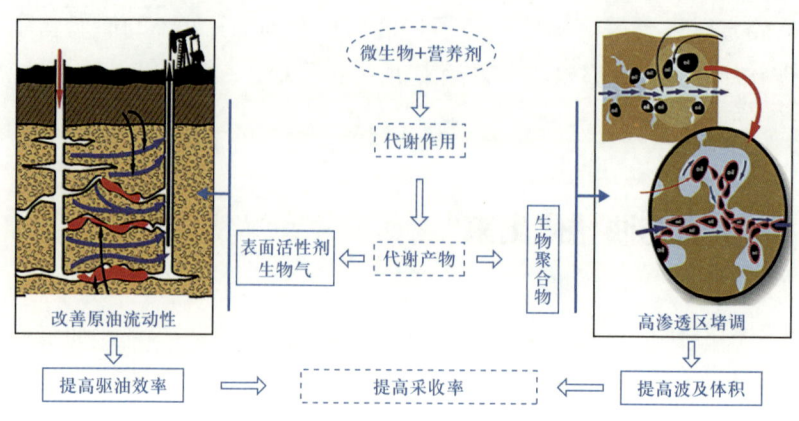

图 7.14　微生物采油原理示意图

微生物采油技术是一种相对复杂的应用技术，需要根据油藏的生物适应性和微生物的功能性进行双向筛选。对于油藏的生物适应性而言，主要是温度、有害物质含量等条件不要超出微生物的耐受能力。而微生物的功能性，则是以解决特定的问题为目标进行选择。

对于具体菌种的筛选，有自然界筛选、油层微生物直接利用和人工改良等多条途径。从自然界筛选菌种是最常用的方法，直接利用油层微生物则较为方便。但有时天然的菌种性能不一定很完善，可能存在一些瑕疵，这时可以采用人工改良的方法。人工改良菌种有两种方式，一种是促进菌种的自然变异，将变异的新品种分离出来专门培养，从中选出性能更加优异的品种进行应用。另一种是利用遗传工程手段，通过基因改造使菌种的性能达到要求。

选定了合适的油藏和适宜的微生物，就可以实施微生物采油了。将培养的微生物和营养液注入油层（或将营养液注入油层，激活油藏中原始固有的微生物——内源微生物），微生物菌种将储油层作为一个巨大的发酵罐。根据注入菌种方式的不同，微生物采油方法又可分为单井吞吐和微生物驱油技术。单井吞吐技术是在一口井中注入微生物菌种和发酵液后焖井一定时间再开井生产。微生物驱油是在选定的开采井网中，从注入井注入一定量的微生物菌种和发酵液后在顶替液驱替下驱替油层中的石油，在生产井中采油。单井吞吐施工简单、见效快，但增产效果有限；微生物驱油增产油量大，但施工复杂、见效慢。根据不同的油藏和石油性质可选用一种方法或将不同的方法结合使用。

微生物以水为生长介质，以糖作为营养物质，来源广泛，易于获得和应用，尤其是有些微生物可以将石油作为主要的营养源。微生物可从注水管线或从油套环形空间将菌液直接注入地层，不需对管线进行改造和添加专用注入设备，而且可以针对油藏具体条件灵活地调整微生物配方，改变微生物的生长环境。微生物不损坏地层，可在同一口井中反复使用，其代谢产物易于生物降解，不会污染环境。微生物在油层中就地生产各种代谢产物，只要供给足够的营养物质，代谢产物的生产速度就会大于被其他微生物降解的速度。微生物的以上特性，使微生物采油技术具备了施工成本低、工艺简单、操纵方便、容易控制、增产效果持续时间长等优点，同时在生态学方面也具有其他方法无可比拟的优势。因此，微生物采油技术将成为未来极具潜力的石油生产技术。

八　二次开发：老油田再焕青春

俗话说，坐吃山空。一个油田，在没有资源补充的情况下一直开采，终究会有无法持续的时刻。那么，行将废弃的老油田是否就一定一无所有了呢？也不尽然，某些情况下，对老油田进行二次开发能够使其再次焕发青春，重启能源开发的新征程。

8.1 什么是老油田二次开发？

人的一生包括婴幼儿、儿童、少年、壮年和老年，油田也类似。石油是典型的不可再生资源，油田作为资源采掘的对象，如同煤矿等其他矿藏一样，也是有生命周期的。当一个新油田经过一段时间的开发，产量由顶峰开始下降，当没有其他接替资源接续产能时，这个油田就进入了衰老阶段，不仅地下石油聚集状态发生了很大变化，油井内和地面的设备设施也都明显老化了，这时的油田就成了老油田。

如同老工厂每隔一段时间就要进行技术改造升级一样，老油田若要恢复或减缓产油量下降，同样需要改造升级，这种做法对油田来说就是老油田二次开发。

所谓老油田二次开发，是指当油田按照传统方式开发基本达到极限状态或已接近弃置的条件时，采用全新的概念，采用新的"三重"技术路线，在老油田的区域内重新构建新的开发体系，大幅度提高油田最终采收率，最大限度地获取地下油气资源，实现安全、环保、节能、高效开发。

简而言之，二次开发的对象是"老油田"，条件是"传统方式的开发基本达到极限状态或已接近弃置的油田"，观念是"全新的"并有别于传统开发观念，中心工作是"重新构建油田新的开发体系"，目的是"大幅度提高油田最终采收率"，最大限度地获取地下石油资源，其效果体现在"安全、环保、节能、高效开发"上。老油田二次开发的根本性宗旨是"科技油田、绿色油田、和谐油田"。

中国石油在20世纪初开展的"重大开发试验"，技术"示范工程"和辽河油田、吉林油田、新疆油田、玉门油田等"二次开发试点"的成果表明：二次开发可以在老油田分批次逐步推广，虽然有其难度，但不失为老油田再生的一条全新出路；二次开发还可以创造可观的经济效益。

实践证明，老油田二次开发工程实施是老油田最现实、操作性强的重大战略举措。二次开发工程实施以来，中国石油先后在大庆油田、辽河油田等 10 个油区共 106 个区块实施二次开发，对我国原油稳产增产发挥了重要作用。

8.2 老油田二次开发的意义是什么？

老油田二次开发是一项战略性的系统工程，是"油田开发史上的一场革命"，其意义在于它的历史性、战略性、成长性，同时具有很强的现实性和可操作性。

进入 21 世纪以来，中国石油面对困难与挑战，在长期的油田开发实践与认识过程中，逐步形成了"二次开发"理念与技术，老油田"二次开发"的实施条件也日趋成熟。在国际石油行业老油田"焕发青春"方兴未艾之际，中国石油及时准确地提出在老油田实施"二次开发"工程，是当时中国石油油田开发的一项战略性举措，也是一项战略性系统工程，其意义重大不言而喻，不仅对国内石油工业产生巨大而深远的影响，也对国际老油田开发具有重大意义。

老油田二次开发是中国油田开发理念和价值观的革命，它以不断提高油田经济采收率为目标和主线，应用和发展新二次采油技术，重新认识老油田，构建新的开发体系，采用新思路、新方法、新技术，最大限度地降低技术经济风险，为大幅度提高采收率开辟一条新的道路，使老油田发生革命性的变化。

老油田二次开发是对现行开发体系全方位的大改造，包括大范围的注水开发油田、以蒸汽吞吐方式开发的重油油田以及实施三次采油的油田等。老油田二次开发不论从油田开发的认识、观念、技术、管理，还是油田服役年限、开发指标极限设置及产生的巨大经济效益等，都是真正意义上的油田深度开发、资源充分利用，也是转变经济增长方式、实现可持续性发展的具体行动。

8.3 二次开发的理论如何表述?

老油田二次开发的基本理论是通过重构地下新的认识体系,重建井网结构,重组地面工艺流程,大幅度提高油田最终采收率和降低油田开发成本,从而实现良好的开发效益。

重构地下新的认识体系。包括采用精细三维地震技术、高精度动态监测技术(过套管电阻率测井、C/O 测井、PND 测井等)、精细油藏描述技术、储层精细刻画技术等,并淘汰一批老资料。深化油藏认识,搞清剩余油分布,采用网络化、信息化技术,自动录入资料数据,方案自动生成,建成数字化油田。

重建井网结构。改变传统的直井井网结构,以丛式井、水平井、侧钻水平井、平台式水平井等为主要开发井型,对具备条件的油藏在纵向上进行层系细分重组,在平面上实施井网加密,完善注采系统,改善水驱效果。坚决淘汰一批维护成本高的老井,原则上整体实施,能利用的井则利用、不能利用的则弃置。

重组地面工艺流程。根据高含水油田开发特点,以丛式钻井和平台式(图 8.1)、集约式布井为基础,扩大水平井的规模应用,优化简化地面工艺流程,推行一级或一级半布站,短流程,常温输送,扩大冷输半径,推广泵对泵工艺流程。淘汰能耗高、效率低的地面设施,达到"四新、三高、三全、一循环"("四新":新工艺、新技术、新设备、新材料;"三高":高效加热炉、高效注水泵、高效输油泵;"三全":全密闭、全处理、全利用;"一循环":循环利用)真正实现油田地面设施高度自动化。

图 8.1 丛式井

8.4 二次开发的价值观是什么？

石油开发的价值观是对油气田开发、建设、生产、经营以及管理总的要求和把握。具体体现在"经济、有效、采收率"七个字上。老油田二次开发就是实践这一价值观，也集中体现了老油田二次开发所要达到的目的和所代表的工作方向。

经济可采储量，必须符合国家经济储量规范，其核心是被探井证实的可采储量，并且要与当时的油价挂钩。经济可采储量还要通过专门机构的评估，突出剩余经济可采储量，以此进行储量品质评估和储量价值评估。价值评估要结合当时的原油价格，预测资源的价值，预测若干年后的开采成本与利润的变化。同时还应注重经济开发单元的效果，以及经济开发界限的合理设置等。中国石油作为一个油公司，任何投资行为要强调经济效益。老油田二次开发必须要保持合理的投入产出比，它不强调单一指标的先进，而是一种整体优化的经济商业行为。其次还要讲"难采剩余储量"的二次开发，不一定都能满足上述条件，企业效益也不一定很高。但是，对国家、对社会则意义重大，这恰恰体现了中国石油的政治责任、社会责任。

"有效"是指通过整体的潜力评价，寻找剩余油的资源分布，利用新技术以及成熟工艺技术的集成，使常规开发技术下损失和难以动用的储量得到有效的开发利用，或者使原来的非经济可采储量逐渐转变为经济可采储量，最大限度地挖掘地下油气资源。也就是说，通过实实在在的工作，油气田开发不仅具有经济效益，而且还要充分体现高质量发展。在油气资源得到最大限度利用的同时，还要实现油气田的可持续发展、清洁发展、安全发展、和谐发展。

"采收率"是指油田采出的油量与地质储量的百分比。采收率是油田开发水平的综合反映，要体现经济开采单元、经济开采油藏、经济可采储量等，特别是在高油价和石油资源相对匮乏的现实背景下，要充分看到大庆油田、玉门油田开发实践的指导和示范意义。二次开发目标采收率50%以上是可以做到的，油田最终采收率达到60%以上是有可能的，70%的油田采收率也不是神话。

俄罗斯著名大油田罗马什金油田，开采64年宝刀未老，潜力尚在，通过研发和应用提高采收率现代化综合配套技术，如加密注采井网，改变渗流方向的循环注水法，水平井、欠平衡井以及小井眼等，这些措施可以在复杂条件下稳定提升采收率，保持每年产量增长1%，最近几年使原油产量增长10%。法国拉克气田天然气采收率已经达到95%以上，而且他们扬言"要逮住储层每一个碳氢分子"。

中国石油所辖的油田，平均只采出了地质储量的三分之一，除去大庆油田外，其他油田平均仅仅采出了地质储量的四分之一。按照开发水平高的油田的采收率顶层设计目标，中国石油老油田潜力巨大，只要认真落实开发理念、认真实践开发价值观的基本精神，就没有实现不了的目标。

8.5 走出一条可行之路

老油田二次开发是一项系统工程，是对传统开发思路与认识的突破和超越，是对目前开发体系全方位深层次的改造与创新。老油田二次开发工程在大庆油田、辽河油田、大港油田、华北油田、玉门油田、克拉玛依油田等地实施的效果，证明老油田二次开发是中国油田开发全面升级换代、产量和效益同步提升的可行之路。

二次开发引起了人们对老油田的关注，加大投资力度，开展规模性调整，夯实产量增长基础，使老油田恢复生机，提高生产能力。

（1）二次开发将解决油田开发工作中的"喜新厌旧"问题。一些油田重点主要放在新油田开发上，而老油田的精细工作关注较少，阻碍了老油田的进一步发展。二次开发给老油田与新油田同等重要的地位，使老油田重新得到关注，改变只关注新油田建设而忽略老油田可持续发展问题。

（2）二次开发解决了目前体制机制下老油田的投资问题。老油田开采时间长、负荷重、历史欠账多，而二次开发有助于解决目前体制下老油田投入不足的问题。在目前油价和技术条件下，要抓住有利时机，将二次开发的投资、老油田改造投资、隐患治理投资等优化配置集约使用，发挥最大的投资效益。同时，要在使用弃置成本上做文章，动脑筋把它用于老井、老流程弃置处理和老油田挖潜，研究出既符合弃置成本使用基本原则，又能与老油田二次开发相结合的办法，增加对老油田的投入。

（3）二次开发解决了"头痛医头，脚痛医脚"的问题。以前油田的开发方式，基本上是被动的，出现问题后才调整，哪里出现问题就调整哪里，缺乏系统性和深层次考虑，结果造成问题越来越多、调整效果越来越差，造成资金、人力和物力的浪费。而二次开发强调积极预防、提前出击，是对老油田一次系统的、全方位的、深层次的改造，是综合考虑油田地质特征、剩余油分布、油藏动态、采油工艺和地面设施而进行的深度开发，在当前油价、技术和油田开发现状具备条件的情况下，具有全局性、整体性和系统性。

（4）二次开发解决了老油田合理配产和相对稳产问题。稳产的基础还是老油田的剩余储量，而二次开发最重要的技术路线之一，就是依靠先进的科技手段，重新认识和描述老油田油藏，认识以前没有认识到的油砂体，分析以前"不予考虑"的单层，重新认识以前认为的"差油层"，仔细辨别薄互层的含油性，找出剩余油富集区，精确刻画剩余油分布，努力增加老油田剩余储量，重新构建老油田新的储量体系。只有满足了老油田稳产条件，产量增长的结构发生变化，才能夯实产量增长的基础，才能实现老油田的良性发展。

8.6 二次开发的升级版——"二三结合"

把水驱的层系井网优化重组与后续的三次采油的层系井网统筹兼顾，既能保证水驱阶段的层系井网对地下非均质最大限度地控制和动用，又能满足化学驱、气驱等开发方式的转换，最终大幅度提高采收率，这是今后老油田提高采收率的最佳模式。

"二三结合"并不等同于二次开发水驱和三次采油的简单相加,而是将二次开发的立体井网重构与三次采油作为有机整体统筹考虑,以采收率最大化和经济效益最优化为目标进行优化并最终部署实施的技术(图8.2)。

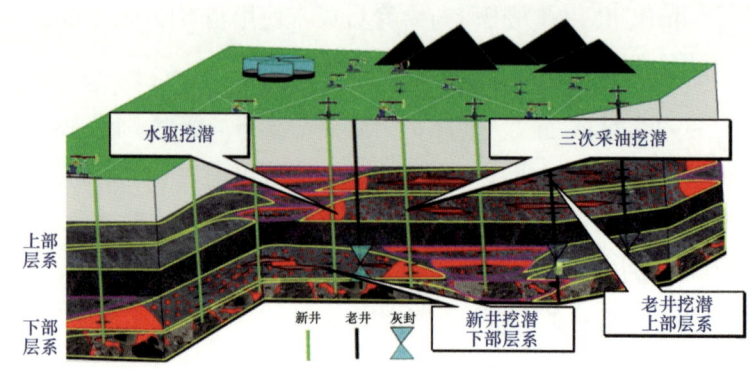

图 8.2 老油田"二三结合"开发模式图

"二三结合"坚持以效益为中心,以大幅度提高采收率为目标。"二三结合"中的三次采油方式的选择、层系划分、井网井距的选择、"二三结合"转换时机、新老井网利用与衔接等,必须以采收率和经济效益为核心,进行统筹考虑和系统优化。因此,"二三结合"是一项集地下资源地质体精细刻画、剩余油量化表征、井网层系优化部署、技术经济评价等为一体的系统化工程,是一个全新的开发理念,是对老油田开发模式进行系统升级。

(1)"二三结合"技术内涵。

"二三结合"是将二次开发(三重+精细水驱)和三次采油(化学驱、气驱、SAGD、火驱、多介质蒸汽驱)统一构建层系井网,充分挖掘水驱潜力,形成有利于三次采油的地下流场,使精细水驱与三次采油无缝衔接,节约井网建设投资,实现总体采收率最大化和经济效益的最优化。

(2)"二三结合"技术特点。

① 精细化:坚持"精细"理念作为根本出发点,将单砂体作为潜力评价和方案部署的基本单元,从而更加清晰准确地揭示出剩余油潜力、不同流动单元之间的注采关系,从而增强部署挖潜的针对性。

② 协同化："二三结合"模式体现在"整体评价、统筹考虑、系统优化、实现协同"16 个字上，具体体现在 4 个方面：

a. 二次开发和三次采油在层系细分上统筹考虑；

b. 二次开发和三次采油在井网部署上统筹布局；

c. 二次开发和三次采油在地面工程建设上整体安排；

d. 二次开发和三次采油在实施节奏上系统部署。

③ 最优化："二三结合"的最终目标是追求精细水驱与三次采油衔接最优化，实现总体采收率最大化和经济效益的最优化。

"二三结合"是二次开发的全新升级，是大幅度提高老油田采收率和降低开发成本的重大战略方向（图 8.3）。新疆油田、辽河油田和大港油田等油田应用"二三结合"开发方式，实施储量超过 1 亿吨。实践证明"二三结合"较单独三次采油提高采收率 4~5 个百分点，其中水驱提高 5~7 个百分点，验证了"二三结合"1+1>2 的技术优势。

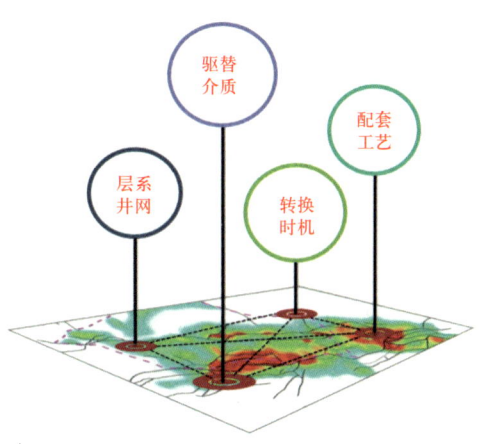

图 8.3　"二三结合"一体化研究模式图

九　畅想开发新征程

多年来,中国原油对外依存度超过70%。20世纪在中国境内发现的油田有许多已步入了开发后期,石油产量呈现递减趋势。靠什么来弥补石油供应的缺口呢?石油人一向不畏困难,他们把目光投向了难开发的非常规油藏、已衰竭的老油田、更深的地层、深海和新能源。

9.1 体积开发新技术

为何定义为体积开发？难道还有面积开发？您猜对了，体积开发就是与面积开发对应的概念。在传统的石油开发过程中，分层开发是经常采用的有效策略。在分层开发的过程中，每一层石油储层形状如同一张薄薄的煎饼，油井则如同一根吸管，每次把一张煎饼那样的油层一吸而空，然后再吸下一层。这种分层开发很有画面感，仿佛一摞煎饼一层一层被取走，每一层的厚度近似可以忽略，如同只有平面面积，所以称为面积开发。对于较早发现的油藏，通常具有高孔隙度、高渗透性的特征，分层开发可以获得非常好的开发效果。但近年来发现的许多油藏属于低孔隙度、低渗透性的油藏，如果仍然坚持分层开发的策略，就会发现，单井产量和生产速度都低得令人无语，甚至没有经济开采价值。那么，该如何开发这类低孔低渗油藏呢？这就是下面要向您介绍的体积开发。

现实中的体积开发，是指通过水平井钻井和大规模分段分簇压裂改造，建立油藏人工缝网系统，使体积内的储量成为可动用的商业开发储量，进而使石油资源得到有效规模动用的开发方式。

当地下构造能够形成油藏时，不同油藏的孔隙度和渗透率大小不一。业内研究表明，即使油藏基质的孔渗性质很差，流体在其中的渗流也仍然符合达西定律揭示的普遍规律，即流体的渗流量与渗流面积、流动距离和驱动压力密切相关，当渗流面积增大、流动距离减小、驱动压力增大时，基质中流体的渗流会更加顺畅。采用常规的分层开发方式对低孔隙度低渗透率油藏进行开发时，之所以产量和效率都很低下，其关键就在于流体的渗流面积不够大、流体在基质中的渗流距离太长、驱动压力不够大。体积开发要实现的目标就是扩大渗流面积、减小渗流距离。

假设有一个立方体形状的油藏，其边长为 $4a$。在进行分层开发时，可以假定将其沿水平方向剖开，等分为上下两部分。那么，可以认为上下两个新增剖面的面积 $32a^2$ 就是渗流面积，而对应的渗流距离可以粗略地用 a 来代表。而在体积开发方案中，可以假定将这个立方体均匀分割为边长为

a/4 的小立方块,以同样方式进行估算,此时其渗流面积将扩大到 1440a²,对应的渗流距离则减少到 a/8。可见,在体积网格的情景下,影响渗流效果的渗流面积和渗流距离将得到同步改善(图 9.1)。

以上述粗略的类比来描述体积开发当然有助于理解其原理,但这种过于简化的模型与油藏的实际情况相距甚远。在油田开发实践中,体积开发是历经艰苦并富有成效的探索形成的理论方法与工程技术体系,并有多个系列的技术装备与之配套。

体积开发的重要条件是形成大规模人工缝网系统。水力压裂的主裂缝沿着最大水平主应力方向延伸,在层间胶结薄弱处或闭合的天然裂缝处形成次裂缝,最终与天然裂缝耦合组成缝网系统(图 9.2)。结合人工裂缝规模和主裂缝形态,在优质储层采用上下多层交错布井的方式,水力压裂后形成的体积缝网可最大限度地增加改造体积。

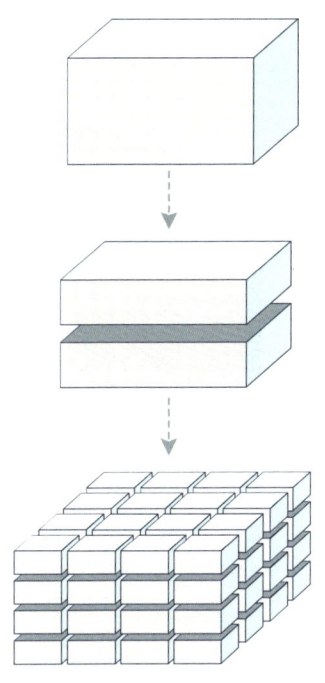

图 9.1 体积开发原理示意图

人工改造后的石油储层,纳米级孔喉、微米级次裂缝、天然裂缝和毫米级主裂缝多尺度相互耦合分布。与常规分层开发相比,低孔隙度、低渗透率油藏采用与常规工程技术不同的长水平井、分段分簇压裂等核心技术改造后,其储层中流体的流动方式也由常规层状油藏的以水平流动为主转变为层状页理缝的水平流动、垂直缝纵向流动等多重流动耦合的"复合体积流动"方式。石油在储层缝网系统中的流动,不仅包括基质内部的解吸扩散和水平方向的多向渗流,还有不同小层、不同水平井间体积缝网内沿垂向导流缝的纵向流体交换。体积缝网主裂缝内的游离石油在压力差的作用下首先流入井筒,随着压力降低和传导,基质内部的石油逐步通过次级裂缝和天然微裂缝运移至主裂缝,最终流入水平井筒。

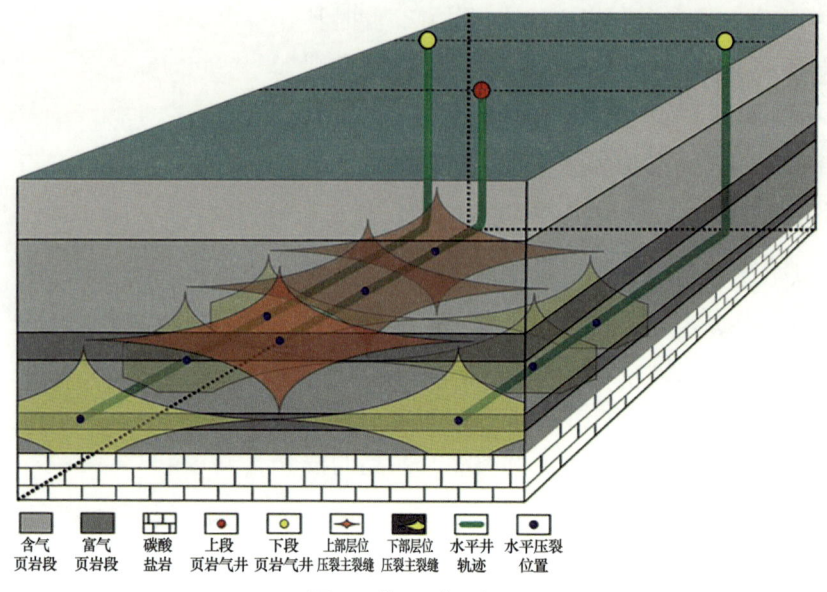

图 9.2 体积开发示意图

开发实践表明,井网的一次性合理部署对石油的效益开发至关重要。早期的体积开发理论设想在后期进行井网加密,往往水平井的初始间距较大,在 500~1000 米。随着认识的逐步深入,小井距水平井部署比例逐年增高。但井距缩小后有些水平井开始呈现一定程度的互相干扰,于是井网部署规划的井距有回调的趋势。一般地质条件较好的油藏可以将井距稳定在 260~300 米,而地质条件较差的地区,可以将井距缩小到 100 米或更低的数值。缩小井距可减小压裂设计缝长,有助于现场施工,大幅减少远井未改造油藏体积。此外,缩小井距的同时,通常需缩小簇间距,这两者密切相关。目前北美非常规储层水平井分段改造的簇间距从 20~30 米缩小到 5~10 米。在小簇间距条件下,簇间形成网络裂缝已不是必要条件,两条裂缝切割的基质中石油与裂缝间渗流距离仅为数米;对于微米、纳米达西级渗透率储层,基质中的流体流动至裂缝所需的驱动压差已极大减小,基质中的石油动用基本无阻碍。近年来,人们又开始发展超长水平井开发技术,这种技术能够减少每米钻完井成本并提高井的经济指标,使压裂和钻井成本降低 20%~30%,相比短水平段井利润提高 35%~70%。超长水平井增加切割基质的压裂裂缝条

数以及裂缝与基质的接触面积，能够最大化水平段的储量动用能力，延缓产量递减速度，大幅提高采收率，实现降本增效。

体积开发技术不仅可以在非常规储层广泛应用，在低饱和度油藏、稠油油藏，甚至常规油藏的开发中均可应用。体积开发技术能够有效提升石油开采的效率，已成为未来最具发展潜力的新兴石油开发技术，具有广阔的应用前景。

9.2 地质工程一体化

一体化与专门化历来是管理策略中引发争执的焦点之一。一般而言，专门化有利于技术的专精与发展，一体化有利于协调与合作。所以当人们求专求精时，往往期望专门化多一些；而当人们求快求多时，往往就会觉得一体化更好。曾经有人为一体化管理编造了一则故事，说第二次世界大战时期伞兵用的降落伞的安全性一直达不到100%，军方多次与厂商交涉无果。后来有一位将军想出办法，规定降落伞出厂的安全检查改为由厂方抽样试跳。这样一来，伞的生产与使用被强行一体化了，果然此后伞的安全质量就有了保证。故事虽然漏洞很多，但抓住了一体化的精髓。

在石油行业中，石油地质与石油开发的关系同样如此，都是后者在前者工作基础上进行下一步工作。最初阶段，油气行业从业人员很少，石油地质与石油开发的从业者高度重合，地质与工程显然是一体化的，但这种粗糙的一体化并不利于整个行业的发展，随着专业分工的明确，油气领域的各个技术门类都逐步走向专业化和专门化，并因此推动了各类油气勘探开发技术的飞速发展。专门专精带来的最主要问题就是各小类技术的目标开始变得不同，比如，石油地质的目标是找油，而石油开发的目标是把石油开采出来。目标的不同导致衡量业绩和工作成果的标准也产生了差异，石油地质采集的数据只为保证提交储量的基本可靠性，至于后续工程能否实现有效开发，则不是石油地质工作的优先目标。这样一来，开发工程需要的详细数据可能需要自行重新采集。对于常规石油开发而言，地质与工程的独立性影响并不大，许多需要协调的问题都可以通过技术本身的调整而自动解决。但对于非常规油气等难开采资源,地质与工程的不协调有可能造成整个勘探开发流程成本居高不下,甚至导致开发的经济性完全丧失。因此,对于非常规油气等难开发的石油资源,迫切需要打破部门分割和专业壁垒,形成一条既能有效提高石油勘探开发效果、又能有效降低工程作业成本的新工作思路(图9.3)。

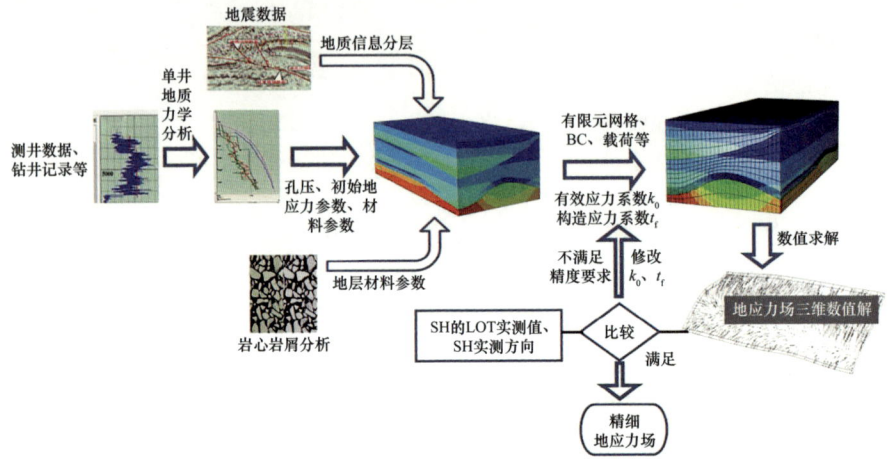

图9.3 地质工程一体化迭代研究模式

地质工程一体化的思路,正在非常规油气勘探开发工作中进行积极探索。这种工作思路为诸多复杂油藏的效益勘探开发带来了新希望,逐渐被人们普遍接受和认同,成为复杂油藏效益勘探开发的必由之路。越来越多的决策者们已经敏锐地认识到,要解决各种复杂油藏的难题、提升整体效益,必须走以油藏研究为中心、多学科多信息相融合、多种工程技术相协同的管理和作业模式,也就是必须用地质工程一体化的思路来组织和指导生产。由于地质工程一体化技术上涉及多个学科,管理上涉及组织结构中的多个部门,要真正实现这一目标,要打破原有"技术条块分割、管理接力进行"的模式,真正实现地质与工程的"换位思考、无缝衔接"。因此,地质工程一体化,不仅是技术领域的变革,更是一个管理领域的革新,后者对于一体化的成功与否更为关键。

一体化作业模式依托新的工作流程,实现跨学科协作,从而更快地做出更好更有效的决策（图9.4）。把原来若干个相对独立、相互分散的单元和要素，运用一体化的理念整合到一个平台，相互促进、协同互动，从而达到有效控制、迅速反应、快速决策的目的。一体化的最大优势是消除组织上的工作障碍和技术上的人为切割，工况得到及时准确的监测和控制。地质工程一体化作业模式的主要内容是：地质—油藏—方案研究一体化、钻井和完井设计—施工工艺一体化，质量—安全—环保—评价全过程管理一体化。

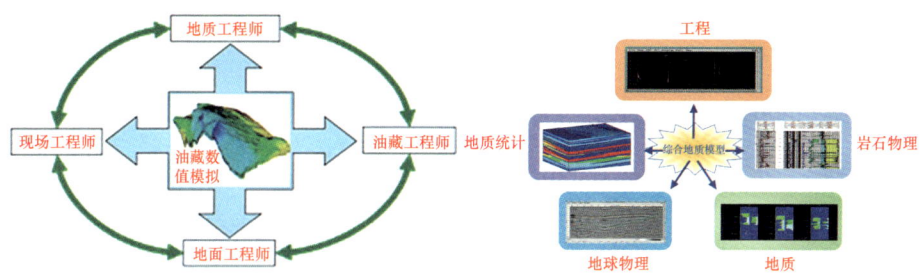

图9.4 多学科一体化地质建模

面对复杂油藏开发的诸多困难，地质工程一体化是必不可少的理念及方法。在有针对性的管理制度、有坚定理念的决策者、有严谨协作精神的一体化团队以及高效实用的一体化数据平台等要素的保障下，针对不同油藏的具体挑战，大胆尝试、创新模式、突破学科和组织界限，那么地质工程一体化必将释放巨大的潜力，引领低油价效益革命，为复杂油藏高效勘探开发保驾护航。

9.3 智慧油田

2016年，人工智能软件阿尔法狗（AlphaGo）以绝对优势战胜世界著名围棋高手李世石。次年，阿尔法狗以3∶0比分横扫世界围棋第一人柯洁。人工智能技术的巨大进步令人震惊，要知道，围棋是人类能够掌握的最复杂的游戏，在19×19的棋盘上对弈，可能的走法可能高达200100种以上，这是个庞大的数字，即使用速度很快的超级计算机来计算各种走法，也要花掉上百亿年才能完成，可是人工智能却在这个领域以自己的智慧击败了人类顶

图9.5 数字化油田

级的高手。从油田开发角度来讲，人们已开始逐步将油田智能化了，数字化油田就是人们进行油田智能化开发的成功尝试（图9.5）。

数字化油田指以信息技术为手段，全面实现油田实体和企业的数字化、网络化、智能化和可视化，它是油田企业生产、科研、管理和决策的综合基础信息平台。数字化油田可实现跨地域协同工作，紧密连接生产经营的各个环节。油田一般远离城市，资源和设施分散于边远的戈壁、沙漠、草原或海上，许多油田或探区人迹罕至。数字化油田可以将现场的复杂性整体客观地展示给管理者，有利于及时掌握情况、客观分析问题和正确决策。在数字化油田的支持下还可以在勘探、施工、建设的各个阶段提前对工程进行合理的规划，使许多部署方案、开发方案在选址、选线、运行环节上更合理，降低风险，提高经济效益。数字化油田可快速获得企业外部环境信息的支持。借助数字地球技术还可以获得现场信息以外的基础信息，如地质、气象、水文、天然地震、植被和其他矿产等与空间系统有关的信息，有助于生产区域内的管理、建设、环境保护和自然灾难的预防。数字化油田还可实现生产业务与技术的整合。数字化油田以地理空间信息为基本平台，现场的各种空间实体被自然地组织在一起，将彻底打破生产体系各专业信息平台横向分割的局面，迅速地形成集勘探—开发—工程—集输为一体的油田信息系统，实现油田状态自动监测。在数字化油田支持下的油田自动监控系统，可以将油井生产信息与地质信息叠加在三维空间模型上，为油田开发的优化决策提供直观、动态的信息，实现控制注水、稳定产量、均衡生产、提高采收率的目标。

在数据处理方面数字化油田也极具优势，它可以迅速地集合占地质数据库资源量80%有深度属性的信息：地质、试油、地球物理、地球化学、钻井工程和生产测井等数据，并以柱状图和剖面图的方式灵活地组合展现，成为油田地质人员辅助研究和制图工具。在数字化油田大量数据基础上可建立虚拟的数字地质模型，实现油藏描述的可视化和互动性。数字化油田系统具有对石油勘探开发区域范围进行研究的能力，也包括对信息资源建设的指导和监督。数字化油田通过不同专业信息的叠加，可以直观地了解到信息的完善区、缺陷区和空白区，据此制定和实施信息建设的完善工作，使生产企业的信息逐步集合为统一、完整、透明、可用的资源平台，促进资源整合，帮助企业有效地调度各类资源，形成最佳配置，大大增强企业竞争力。

数字化油田可以在增储上产、降本增效方面发挥重要作用。从已有的统计数据来看，数字化油田的应用通常可以使油田产量提高 2%～8%，采收率提高 2%～6%，同时还可以有效减少资本支出，降低运营成本。

在数字化油田的基础上进一步开发智慧功能，实现信息自主采集、分析和判断，发展为智慧油田（图 9.6）。智慧油田以可视化技术远程展现现场实景实现数据的推理预测功能，以多媒体技术控制油田开发过程，以自动化设备和机器人取代人工操作实现生产管理从劳动密集型向信息化、自动化、智能化转变。在人工智能迅速发展的背景下，全面整合云存储、云计算、大数据、物联网等资源，在勘探、开发、生产、经营的各环节建立多维专家系统，打造全面感知、远程操控、预测趋势、智能优化和智慧决策的智慧油田已成为现代石油企业的主流发展方向。

图 9.6　智能化平台

可以想象，未来人工智能将在油气领域得到更加广泛的应用。也许将来会出现完全不用人工操作的完全智能油田，它会按照社会需求自主完成勘探、开发、储运、炼化、销售等全流程的石油资源生产过程，将人类彻底从石油生产一线解脱出来。

9.4 油气开发新未来

勘探与开发相辅相成，成就了世界石油工业一百多年的辉煌。如今许多易于开发的老油田已面临资源枯竭的困境。石油开发未来要走向何方呢？

最初的石油开发仅仅是将地下的石油开采到地面。当石油成为现代社会的重要能源以后，石油开发被赋予了能源开发的内涵。在能源转型的时代，石油开发也必然随着能源类型的变化而进化成为新型的开发体系，不断把潜在资源开发出来变成现实资源，这将是开发工作永恒的使命。

九 畅想开发新征程

　　资源在哪里,开发就在哪里。常规石油资源少了,可以尝试去开发非常规石油资源;老油田资源枯竭了,可以尝试进行二次开发;地下资源难开采,可以尝试体积开发;资源生产成本高,可以尝试地质工程一体化和油田智慧化;陆地资源少了,可以到更广阔的海洋去发展;浅层资源少了,可以到更深的地层去探索;石油在能源领域需求下降,可以尝试发展新能源(图9.7—图9.9)。

图9.7 风能

图9.8 太阳能

图9.9 地热工厂

开发的对象有了变化，开发的理念就要及时跟上。非常规石油资源开发成本高，就要落实全生命周期管理，在设计上一体化统筹，在实施中专业化协同，在组织上市场化运作，在保障上社会化支持，在运行上数字化管理，在全生命周期践行绿色化发展。深层和超深层石油开发难度高，高温及超高压工况的管理、大型专属设备的配套、复杂地质条件下超长井筒的保障等都需要在开发层面加以解决。海洋深水石油资源的开发多出了深层海水的影响，在材料、船舶、通信、海洋工程、交通运输等方面都有特殊要求，开发体系必须针对这些要求做出改变和发展。另一方面，新能源取代传统能源的进程正在加快，石油行业进军新能源领域也已成为潮流，将风能、太阳能、地热等可再生能源作为发展重点的石油企业与日俱增，新能源资源的开发也将成为石油行业资源开发的重要任务之一。

石油勘探的脚步越走越远，非常规、深地、深海以及新能源资源所在之处都留下了资源勘探的脚印。石油开发也将追随勘探的脚步持续发展，从接替稳产的宏观掌控到分层开发的"六分四清"，从一次采油到二次采油再到三次采油，石油开发总是能够克服重重困难，把越来越难开采的石油资源从地下采集出来，送到人们最需要的地方。无论勘探发现的资源有多远、有多难开采，开发总要提出合适的办法、发展恰当的技术，保证所有被发现的资源都能顺利开采出来成为宝贵的能源产品。当石油勘探向新的能源资源领域开拓前行，石油开发必将紧紧追随，共同铸就能源行业美好的明天。

参 考 文 献

阿卜杜斯·萨特，古拉姆·马·伊克贝尔，2017.油藏工程：基础、数值模拟及油藏管理［M］.魏晨吉，王宇赫，李保柱，等，译.北京：石油工业出版社.

布莱恩F·托勒尔，2006.油藏工程基本原理［M］.闫建华，赵万优，马乔，等，译.北京：石油工业出版社.

陈凡云，2016.国内三次采油技术［M］.北京：石油工业出版社.

陈铁龙，2000.三次采油概论［M］.北京：石油工业出版社.

程时清，张红玲，等，2014.试油与测试工艺［M］.北京：石油工业出版社.

窦宏恩，2018.油田开发基础理论［M］.北京：石油工业出版社.

高志亮，孙少波，等，2019.中国数字化油气田20年回顾与展望［M］.北京：石油工业出版社.

胡文瑞，2008.论老油田实施二次开发工程的必要性与可行性［J］.石油勘探与开发，35（1）：1-5.

吉滕德拉·卡卡尼，2020.油藏监测［M］.陈军斌，龚迪光，刘峰，等，译.北京：石油工业出版社.

焦方正，2021.鄂尔多斯盆地页岩油缝网波及研究及其在体积开发中的应用［J］.石油与天然气地质，42（5）：1181-1188.

焦方正，2021.陆相低压页岩油体积开发理论技术及实践——以鄂尔多斯盆地长7段页岩油为例［J］.天然气地球科学，32（6）：836-844.

焦方正，等，2022.油气体积开发理论与实践［M］.北京：石油工业出版社.

李家强，赵益民，秦宗瑜，等，2019.油气开发资源计划指标体系［M］.北京：中国纺织出版社.

李剑峰，肖波，肖莉，等，2020.智能油田［M］.北京：中国石化出版社.

理查德·惠顿，2019.应用油藏工程基础［M］.曹杰，张楠，等，译.北京：石油工业出版社.

廖广志，马德胜，王正茂，等，2018.油田开发重大试验实践与认识［M］.北京：石油工业出版社.

刘吉余，等，2006.油气田开发地质基础［M］.北京：石油工业出版社.

刘能强，2008.实用现代试井解释方法［M］.北京：石油工业出版社.

柳广弟，刘成林，郭秋麟，等，2018.油气资源评价［M］.北京：石油工业出版社.

马元哲，史蒂芬·霍尔迪奇，2020.油藏工程手册［M］.崔景伟，等，译.北京：石油工业出版社.

塔雷克·艾哈迈德，2021.油藏工程手册［M］.孙贺东，欧阳伟平，万义钊，等，译.北京：石油工业出版社.

涂彬，2019.油层物理基础［M］.北京：石油工业出版社.

王才良，2005.世界石油工业140年［M］.北京：石油工业出版社.

谢丛姣，杨峰，龚斌，等，2018.油气开发地质学［M］.武汉：中国地质大学出版社.

余秋里，2011.余秋里回忆录［M］.北京：人民出版社.

张烈辉，等，2021.油气简史［M］.北京：石油工业出版社.